KB217117

도청의 이해와 대응

이성남

TSCM

(TECHNICAL SURVEILLANCE COUNTERMEASURES)

박영사

추천사

이 책의 저자인 금성시큐리티 이성남 연구소장은 대부분의 공직 생활에서 통신망 보안 및 대도청(對盜聽) 업무 등을 수행했던 국내 최고의 전문가이며 관련 분야의 발전 및 기술 축적과 그 자리를 함께해 온 분이다. 때문에 삼고초려 끝에 회사로 모셔와 기술적 자문을 받고 있기에 늘상 감사한 마음이다.

본인은 도청 탐지 기반의 기업을 장기간 운영해 왔다. 이러한 과정을 거치면서 느꼈던 안타까움은 대한민국뿐만 아니라 해외 주요 국가 역시 관련 분야의 노하우를 축적했던 전문가들이 정년과 조기퇴직에 따른 은퇴로 인해 업무의 연속성을 기하지 못하고 그들만의 노하우가 사장되고 있다는 점이었다.

특히 대한민국의 경우 세계 유일의 분단국가로서 상시적으로 안보의 위협에 직면하고 있는 것이 현실이다. 이런 상황에서 전문가들의 은퇴로 인해 정보보안 기술이 그 지속성을 확보하지 못하게 된다면 국가적 손실로 이어질 가능성이 대단히 높다고 판단된다. 때문에 이 소장이 공직 은퇴 후에도 민간 분야에서 업무를 이어나가는 것은 관련분야의 지속적 성장과 발전에 기여할 수 있다는 점에서 큰 의미를 갖는다.

목적과 목표를 가진 특정 국가 및 일정 세력에 의한 도청 기술의 발전은 과학기술의 발전과 비례한다. 과학기술의 성과는 끊임없이 새로운 공격의 창을 만들고 방패를 회피하는 수단으로 우위를 점하고자 한다. 따라서 정보보안 분야의 창과 방패 대결에서 단 한순간이라도 방심하게 된다면 곧바로 패배자로 전락할 수밖에 없게 된다.

이 같은 상황에서 이 소장은 자신의 경험치와 신기술 관련 지식을 바탕으로 도청 및 대도청 관련 대응 방안에 대하여 저술함으로써 이를 디딤돌 삼아 향후 대도청 분야가 올바른 방향으로 나아갈 수 있도록 그 길을 제시하였다. 해당 분야 기업인으로서 감사를 드리며 유관 업종 종사자 및 보안 전문가들의 일독을 권유드린다.

마지막으로 과거가 없이 현재나 미래가 존재하기 어렵듯이 오늘의 이 책을 계기로 제2, 제3의 관련 저서가 출간되고 대한민국 도청 탐지 기술 발전에 기여하기를 기대한다.

금성시큐리티 대표 남형종

프롤로그

나는 어린 시절 미군 부대 철조망이 사방에 널려 있던 의정부에서 학교 수업을 마치고 나면 친구들과 함께 군부대 철조망 사이를 들고 나며 전쟁놀이로 하루를 보내곤 했는데 이곳은 일정 간격을 두고 비행기 격납고 형태인 둥근 함석지붕의 창고가 세워져 있고 주변의 모든 토지는 지역 주민들이 사전 허가를 받아 농사를 지을 수 있는 벌판 같은 곳이었다.

어느 여름날 따가운 햇볕의 강렬함과 무료함에 지쳐 친구들과 함께 부대 안 지천에 널려 있던 무밭에서 튼실한 무 한 뿌리를 캐서 베어 물고 둥근 지붕 창고 틈으로 기어들어가 나무 박스 안에 수직으로 정렬되어 있던 거대한 포탄들을 만져 본 기억은 아직도 생생하게 남아 있다.

중학교 2학년 즈음, 철 지난 낡은 과학 잡지를 통해 '블랙홀과 우주', '동충하초'에 대한 과학적 설명을 접하고 세상은 모두가 음과 양으로 구성되어 있다고 단정하면서 한동안 모든 사물을 음과 양으로 구분해서 이해하겠다고 기를 쓰며 깊은 생각에 빠져 있곤 하였고,

겨울에는 곤충으로 여름에는 잡초로 살아가는 곤충이 있다는 사실에 너무 놀라 탄약고 들판에 들어설 때마다 동충하초를 찾겠다며 풀 속을 뒤지고 다니던 어린 시절이 지금도 나를 웃음 짓게 한다.

그즈음 창경원 옆 과학관에서 TV 모니터 전화기를 통해 영상통화를 해봤던 기억은 아직도 선명하고, 친구 '흥영'이와 광석라디오를 조립해서 철조망을 안테나로 삼아 주파수를 맞춰 가다가 처음으로 KBS 라디오 방송을 수신했을 때 이어폰 속으로 잡음 섞인 아나운서 목소리를 접했던 충격은 지금도 내 인생의 사건으로 기억된다.

어릴 적 동네 꼬맹이 시절 유행처럼 번지던 화약 딱총을 만들어 한 자루씩 둘러메고 들판과 뒷동산을 쏘다니며 서로 편을 갈라 총싸움으로 하루를 지새곤 했는데, 딱총은 우선 먼저 우산속 금속대로 총신을 만들고 촛농을 짓이겨 구멍 끝을 막은 다음 그 위에 딱지 화약을 가득 채워 넣고 고무줄 탄성을 이용하여 쇠꼬챙이로 충격을 가하면 내부 화약이 폭발하면서 큰 소리를 내는 것이었다.

나는 그때에도 "동네에서 가장 큰 딱총을 만들면 어떻게 될까" 하는 호기심에 싫다는 친구들을 달래 가며 우산대보다 몇 배나 큰 수도 파이프를 총신으로 만들어 양초 한 자루와 딱지 화약을 가득 채워 발사했다가 하마터면 친구들 귀를 멀게 할 뻔한 적이 있었던 호기심 충만한 소년이었다.

지금도 어린 시절의 호기심이 남아 새로운 생각에 대한 도전을 꿈꾸다가 사랑하는 아내에게 수시로 핀잔을 듣기도 하지만 그래도 이를 포기할 수 없는 것은 이러한 도전이 내 삶의 원동력이 되기 때문이다.

도청 탐지는 도심 한복판에서 목표 대상으로 인식된 특정 물품이나 의심되는 전자 소자를 추적하고 존재 여부를 확인, 판단하는 과정으로 평소 사물에 대한 호기심과 탐구심이 뒷받침해 주지 않는다면 매우 힘들고 고독한 작업이다.

이상 신호를 탐지했으나 확인되지 않는다면 당신은 어찌할 것인가! 진정한 보안 전문가라면 절대 그냥 덮어서는 안 될 것이다. 이상 신호에 대한 명확한 규명 없이 현장을 이탈한다는 것은 탐지 전쟁에서 실패하는 것이다. 하지만 모든 해답은 현장에 있으며 반드시 승리한다는 초심의 자세로 대처한다면 절대 패배하지 않을 것이라고 생각한다.

저자는 퇴직 후 對盜聽 업무를 다시 시작하면서 현장에서의 탐지 절차와 기준에 의한 탐색이 얼마나 중요했던가를 절감하고 과거 탐지 현장에서 체득한 노하우를 함께 나누는 작업도 의미 있을 것이라는 마음으로 이번 책자를 저술하였다.

아직은 많이 부족한 내용이지만 기업의 보안 담당자 및 기관 정보보호 담당자, 탐정업무에 신규 입문하고자 하는 자 그리고 기존 대도청 탐지 종사자들에게 조금이나마 도움이 되었으면 하는 바람을 가져 본다.

끝으로 책자 집필에 많은 자문을 해 주신 황인호 박사와 백창현 박사에게 감사 인사를 드린다. 그리고 탐정법인 홍익그룹을 세워 양지회원들이 재직 중 경험을 되살려 정보 보호와 국익을 위해 활동할 수 있도록 지원 중인 최재경 회장과 황인창 수석부회장께 감사드리며, 아울러 국가공인탐정협회 탐정과정 강의를 맡겨 준 협회에도 감사 인사를 전한다.

또한 대도청 탐지 및 장비개발 연구소를 설립하고 함께할 수 있도록 배려해 준 금성시큐리티㈱ 남형종 대표에게 깊은 감사의 인사를 드린다.

책자를 집필하며

최근까지도 선진 정보기관과 중요정보를 탈취하려는 집단 또는 특정인들이 전통적인 유·무선 도청 기법들을 은밀한 정보획득 수단으로 활용해 왔으나 전자 통신 기술이 첨단화됨에 따라 유선, 무선, 데이터통신이 융합된 새로운 도청 기법이 출현하고 있으며 민간 분야에서도 이를 적용한 도청 공격이 점차 확산됨으로서 지금까지 해왔던 도청 탐지 방법과 탐지 절차에 대한 시대적 변화가 절실히 요구되는 시점이 되었다.

스마트폰, 컴퓨터, 태블릿 PC 등 디지털 기기의 확산은 우리 모두에게 생활의 편리성을 제공하고 있으며 각종 정보기기를 연결하는 인터넷, Wi-Fi 등 네트워크 기술 발전은 기본적인 전자 지식만 갖춘다면 누구라도 도청기를 설치하고 악성 프로그램을 통해 개인 정보를 탈취해 갈 수 있는 불안정한 시대에 살고 있다.

이는 매년 5,000건 이상의 도청과 도촬(盜撮)로 인한 재산상의 손실과 프라이버시 침해 사건에서 보이듯이 디지털 기기의 다양한 기능으로 인한 편리성이 오히려 심각하고 중대한 보안 취약점으로 작용되고 있다는 점은 간과할 수 없다.

이와 관련하여 저자는 30여 년 가까이 통신 보안 업무와 국가 중요시설 및 보안시설 대도청 측정을 수행해 왔던 경험을 바탕으로 선진 정보기관의 도청 사례와 다양한 최신 도청기법을 살펴보고, 유/무선 도청 공격에 대한 각각의 대응 절차를 기술한 다음 최근 우리 사회에 가장 핫하게 떠오르는 불법 촬영 폐해 확산과 관련, 탐정사들이 필수적으로 갖추어야 할 불법 카메라 탐지 절차 등을 현장에서 직접 활용할 수 있도록 세세하게 정리하였다.

본 책자가 정보통신기술의 발전과 다양한 도청기법 변화에 대응하기 위한 참고 자료로서는 다소 부족한 면이 있겠지만 그동안 한국 도청 탐지 분야에서 실제적인 탐지 절차가 제안된 바 없음을 감안하여 공직 경험을 바탕으로 국내 도청 탐지 기준을 제시해 보자는 마음에서 이제 첫발을 내딛게 되었으므로 재야 고수님들의 많은 지도 편달을 기대하는 바이다.

북한산 자락 서재에서

목차

제3장 선진 정보기관 도청 기술

제6장 휴대폰 등 모바일 기기 도청과 방어

제7장 RFID 도청(RFID Eavesdropping)

제8장 Wi-Fi 공용 네트워크 도청

제19장 불법 촬영 카메라와 탐지

제20장 공중 화장실 등 불법 카메라 탐지

도청의 이해와 대응

제1장

도청의 정의와 역사

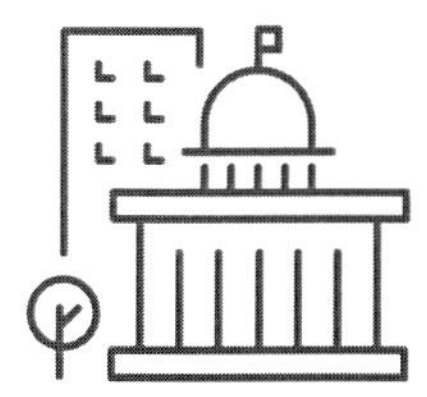

제 1 장

도청의 정의와 역사

1-1 도청이란 무엇인가

도청은 통신 및 전자장비 또는 물리적 장치 등을 이용, 당사자 동의 없이 개인 및 단체의 각종 정보(음성, 영상, 데이터, 문서 등)를 무단 녹음하거나 가로채는 행위로서 도청은 기본적으로 직접 청취, 유선 및 무선 도청으로 구분할 수 있으며, 국가 및 수사기관 등에서 법원의 영장을 발부받아 정보를 수집하는 감청(監聽)과는 구별되는 개념이다.

1-2 도청의 역사

□ 문명 발전사와 함께해 온 도청

고대 그리스에서는 상대방의 정치적 음모를 확인하거나 피아(彼我) 구분을 위한 은밀한 엿듣기가 성행했으며 중국 삼국지에도 언급된 바 있듯이 상대국에 첩자를 침투시켜 기밀 대화를 청취하고 이를 토대로 협상과 이간질을 통한 합종연횡[1]을 전개하는 등 모든 인류 역사의 순환과정에서 미공개 정보 탈취를 위한 갖가지 방법의 도청 행위가 끊임없이 지속되어 왔다.

漢나라 시대에는 직지수의사자[2](直指繡衣使者)를 두고 군사 거동은 물론 자국 백성과 신하들의 동태를 감시, 감청했다고 하며, 송나라 태종은 조정 및 지방관리와 백성을 감시 해오던 무덕사(武德司)를 황성사(皇城司)로 확대 개편하고 외척을 심복으로 삼아 수천 명의 밀정을 운영하며 관료와 백성들의 동향과 언행을 수시로 도청하고 감시했던 것으로 알려지고 있다.

또한 명나라 주원장은 황제가 된 이후 주변 사람들을 믿지 못해 황제 직할로 전국 규모의 도청조직(이목, 耳目)을 만들어 모든 신하는 물론 백성들의 사소한 언행까지 감시하며 권력에 맞서는 세력은 극형에 처하고, 황실을 비방한 죄에 대해서는 피부를 벗겨내는 등 무자비한 처벌로 황제의 권위에 도전하는 개인과 세력을 감시해 왔는데 이는 명나라 말기까지 운영되었다.

---

1 합종연횡: 합종연횡(合從連衡)은 중국 전국시대에 행해졌던 상반된 외교술을 뜻하는 고사성어이다. 합종은 연, 제, 초, 한, 위, 조의 여섯 나라가 군사동맹을 맺어 진나라에 맞서는 것을 의미하고, 연횡은 위의 여섯 나라가 진나라에 복종하는 것을 의미한다.

2 直指(직지): 관직명. 한 무제 때 지방을 순시하며 정사를 처리하는 관원으로 비단 옷을 입고 다녔으므로 '수의직지(繡衣直指)'라고도 했다. 녹봉 이천석 이상의 고관들을 체포하여 사형시킬 수 있는 권한을 가지고 있었다.

명나라 耳目 도청 상상도-chatbot-GPT 4.0 생성

중국 춘추시대의 오나라 왕 합려를 섬기던 손무(孫武)가 저술한 손자병법 이래 위나라 조조를 비롯 모든 제후들 또한 손자병법 마지막 편에 해당하는 간첩의 운용에 관한 용간(用間) 편을 활용, 간첩을 보내 적국의 기밀 정보획득을 위한 활동을 벌이는 등 도청의 역사는 인류 역사 발전과 함께해 왔다.

1차 세계대전 중 영국군은 야전(野戰)에서 통신선로 간소화를 위해 선로 한 가닥을 맨 땅 위에 배선하고 마이너스 선로는 접지용 스파이크를 땅에 파묻어 대체하는 방식으로 통신망을 운영해 왔는데, 어느 날 독일군 통신 내용이 같은 선로에서 수신 가능하다는 사실을 확인하고 야전 곳곳에 도청기지를 설치, 독일군 동태 파악에 활용하였으며 이를 계기로 각국에서는 통신망 도청과 방어 대책에 대한 연구가 본격적으로 시작되었다고 알려져 있다.

미국은 2차 세계대전이 한창이던 1940년 5월 FBI 후버국장이 공산주의의 창궐에 맞서야 한다는 명분으로 루즈벨트 대통령으로부터 민간인을 대상으로 한 도청 승인을 받아 국가기관에 의한 합법적인 도청이 시작된 것으로 알려지고 있다, 하지만 이미 1930년대부터 도청을 통한 정보수집을 해 왔다는 사실이 밝혀진 바 있다.

이후 각국은 냉전 시대를 거치며 전화, 전신 등 각종 통신망을 대상으로 중요정보를 가로채는 다양한 도청 수법을 지속적으로 개발하고 자국의 이익을 위해 치밀한 도청 전쟁을 벌여 왔는데 지금 이 순간에도 우리 주변에서는 국가 안전과 이익집단을 위한 정보(情報) 탈취 시도가 끊임없이 진행되고 있다고 봐야 할 것이다.

1-3 도청 장치의 이해

인류 문명사에서의 도청은 수많은 인적 자원을 동원하여 적의 기밀을 엿보거나 은밀하게 청취하는 것으로부터 시작되었으나 전자통신기술 발전에 따라 이제는 첨단 전자통신 기법과 센서 기술을 접목, 우리의 상상을 초월하는 새로운 도청 방식이 출현하고 있다.

일반적으로 도청 장치는 음성, 데이터, 그리고 영상 신호 등을 은밀하게 수집, 유/무선을 통해 전송하는 기기나 저장 기능을 갖고 있는 전자 장치로 정의해 왔으나 이제는 다양한 방법과 상황 속에서 음향, 영상, 데이터 정보를 비밀리에 수집하기 위한 프로그램 기술까지 모두 포함하는 융/복합적인 형태로 진화하고 있다.

이러한 첨단 도청 방식은 주로 '모션 센서'와 광센서 기반 최신 기술을 적용한 도청 장치에 적용되고 있는데 모션 센서 기반 도청은 스마트 기기의 각종 센서를 활용하여 음파 진동을 전기신호로 변환한 다음, 음향 정보를 식별하는 방식을 말한다.

광센서 기반 도청은 음파에 의해 물체 표면에서 반사되는 빛의 변화를 읽을 수 있는 광학소자를 사용하여 빛 변화를 측정, 분석함으로써 비교적 먼거리에서 음향 도청이 가능한 것으로 알려져 있듯이 최근 도청 방식과 도청 장치의 정밀성이 눈에 띄게 발전하고 있다.

1-4 도청기 구비 조건

도청기는 설치 장소의 주변 환경에 숨어드는 모양으로 제작되어 누구나 쉽게 알아볼 수 없는 크기와 형태를 가져야 한다.

도청기의 핵심 구성 요소 중 하나인 마이크로폰은 최고의 감도를 보장할 수 있는 순도 높은 부품을 사용하고 도청기의 가장 취약점인 안정적인 전원공급을 위한 고효율 배터리 채용 및 일반 전원 사용을 위한 위장 방안이 강구되어야 한다.

도청기는 기본적으로 수집된 데이터 정보의 외부 전송과 내부 저장 기능을 보유해야 하며 외부 전송 방식은 호핑 등 다양한 방식을 통해 데이터 암호화 기능은 물론 은닉성을 보장할 수 있어야 한다.

도청기는 다양한 설치 장소와 방법에 따른 방수 및 방풍 기능과 외부 전자기기에 의한 간섭에 영향받지 않도록 설치되어야 하며 짧은 시간 내 목표 지점에 장착될 수 있도록 설치 및 사용 방법이 간편하게 제작되어야 한다.

※ 도청기 구비 요건은 도청 방어 차원에서 오히려 탐지 기준으로 활용할 수 있으므로 탐지 전문가는 이를 기반으로 공격자가 어떤 방식으로 어떻게 공격해 올 것인가에 대한 끊임없는 고민이 필요하다.

1-5 도청 탐지의 중요성

도청 탐지는 현대 사회에서 개인의 사생활 보호와 기업의 영업 보안, 국가의 안보 강화 등 다양한 측면에서 강조되어야 하는 중요한 과제로써, 도청으로 인한 피해는 개인과 기업 모두에게 심각한 영향을 끼치고 심지어 경제 및 사회적 파탄에 이르게 함으로써 우리 사회의 정보 보호는 선택이 아닌 필수요소로서 그 중요성은 실로 막대하다고 하지 아니할 수 없다.

① 개인에 대한 피해

문자 메시지, 이메일, 금융 정보, 전화번호, 통화정보 등이 도청에 의해 노출될 경우 신원도용이나 금융사기 등으로 확대될 수 있으며 사생활 침해로 인한 스트레스와 불안감은 정신 건강에 악영향을 미칠 수 있다.

또한 도청으로 인해 개인적인 대화나 정보가 유출된다면 주변인이나 가족, 친구 관계에 부정적인 영향을 미치고 인간관계는 물론, 개인의 권리와 기업의 이익을 심각하게 위협하는 결과를 초래할 수 있으므로 예방과 탐지는 매우 중요하다.

② 기업에 대한 피해

기업의 신제품에 대한 연구 개발 자료, 재무 정보, 전략계획 등 기밀 정보 유출은 시장 경쟁력을 상실할 수 있으며 직접적인 매출 감소는 물론, 기업의 시장 퇴출 상황까지 불러올 수 있다.

더불어 도청 피해를 당한 회사는 고객과 투자파트너의 신뢰를 상실하고 도청으로 인한 민감정보 유출은 법적 책임으로부터 자유로울 수 없으며 장기적으로는 회사 이미지 및 대표 상품에 대한 브랜드 가치에도 부정적인 영향을 끼칠 수 있으므로 도청 방어는 기업의 필수항목으로 다뤄져야 할 것이다.

③ 국가에 대한 피해

국가 차원에서의 불법 도청 차단과 대응은 국가 안보와 공공의 안전을 보장하는 핵심 요소로 작용되는 만큼 정보 보호의 필수 조치로 인식되어야 하며 최고 수준의 방어대책을 갖추어야 한다.

도청의 이해와 대응

제 2 장

선진 정보기관 도청 기술과 도청 사례

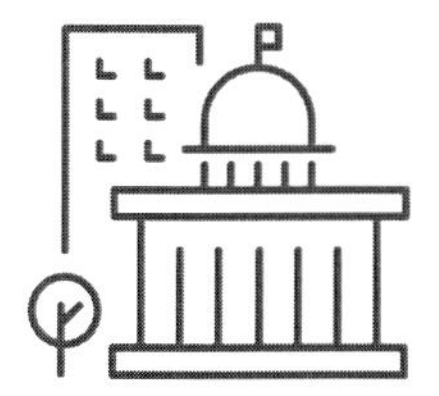

제 2 장

선진 정보기관 도청 기술과 도청 사례

2-1 모스크바 주재 미국대사관 도청 사건

소련은 제2차 세계대전 종전 후 승전국의 일원으로 참여하면서 대내외에 자신들을 평화를 사랑하는 국가로 선전하고 다른 한편으로는 사회주의 이념전파를 위해 미국 등 서방 진영과 상호 공식 방문 등 다양한 문화교류 프로그램을 지속적으로 개최하면서 자유 진영과 공산 진영 간 화해 무드 조성에 앞장서고 있었다.

KGB는 양 진영의 화해 무드를 틈타 1945년 8월 소련과 미국의 우애와 평화를 다진다는 명분을 앞세우며 소년 소녀들로 구성된 청년개척단원들을 모스크바 주재 美 대사관에 친선 사절단으로 파견, 도청 장치가 설치된 원형 목각의 대머리 독수리상을 전달하였다.

이후 소련은 7년 간 역대 미국 대사의 사생활은 물론, 한국전쟁 기간중 미국대사가 본국으로 보내는 "유엔군 한국전쟁 참전에 대한 소련의 대응 보고" 등 미국의 1급 기밀을 상시 도청하고 있었다.

유엔 안전보장이사회 석상에서 미국대사관 설치 도청 장치[1]를 공개하고 있다.

당시 美 정보당국은 모스크바 주재 미국대사관 내부에서 중요 정보가 유출되고 있다는 사실을 인지하고 있었으나 정기적인 내부 보안 조사에서도 이를 적발하지 못함에 따라 알 수 없는 장치라는 의미의 "그 어떤 것"(The Thing)이라고 불리고 있었는데 이는 소련이 同 도청 장치가 적발된 1952년까지 무려 7년 동안 미-소 정보 전쟁에서 완전 승리한 사건으로 미국에게는 국가적인 치욕을 안겨준 사건이었다.

1 출처: https://www.state.gov/wp-content/uploads/2019/05/107507_listeningInColdwar.pdf

2-2 美 U2기 소련 중요군사시설 및 통신망 도청 사건

미국은 2차대전 승리 후 소련이 점차 야심을 드러내면서 전세계 공산화 작업에 본격적으로 나서자 1947년 3월 공산주의에 맞서는 나라에 대한 원조와 지원을 골자로 한 '트루먼 독트린'을 발표하며 소련의 행태를 견제하기 시작하였다.

이에 맞서 소련도 같은 해 9월 미국의 '트루먼 독트린'을 제국주의로 몰아가면서 반제국주의를 지향한다는 공식 입장을 천명함에 따라 이후 세계 각국은 자유 진영과 공산 진영으로 양분되는 본격적인 냉전시대에 들어섰다.

미국은 1940년대 말부터 소련의 전 세계 공산화 정책과 핵 개발 및 미사일 능력에 대한 첩보를 입수하기 위해 지속적으로 스파이 침투 공작을 진행해 왔으나 KGB 방첩망에 의해 번번이 적발되고 체포되어 국가 신인도에 부정적 영향을 미치거나 심지어 자국의 스파이가 이중 스파이로 변절하는 등 심각한 문제점이 드러나게 되었다.

이에 따라 美 정보당국은 그동안의 첩보 수집 방향을 전자정보 수집으로 전환하고 초초고도에서 영상정보와 전자정보 수집 목적으로 제작한 록히드마틴社 U2 정찰기[2]를 동원, 소련의 전략핵시설 동향 첩보와 소련軍 내부 통신망에 대한 감청 활동에 나서게 된다.

---

2 록히드 U-2(Lockheed U-2)는 미국 공군의 1인승, 단발 엔진의 초초고도 정찰기로 고도 21km 상공에서 정찰 비행을 수행.

미국은 그 당시 소련이 보유중인 미사일 기술로는 초초고도를 순항하는 U2기를 격추할 수 없을 것이라는 자만심에 빠져 소련 상공을 수시로 침범, 거리낌 없이 관련 동향 첩보를 수집해 나갔다.

그동안 영공 무단 침입 사실을 알고 있음에도 속수무책으로 당하고 있던 소련은 1960. 5. 1. U2기 1대가 우랄산맥 상공 21㎞ 지점을 통과하는 순간, 사거리 확대를 위해 우랄산맥 정상 부근으로 이전 설치해 놓은 지대공 미사일(S-75)을 발사, U2기 격추에 성공한다.

미국 정부는 첩보기가 항로에서 사라지고 통신이 두절되자, 즉시 "기상 관측 장비가 극지방의 영향으로 경로를 이탈해서 소련 영공으로 들어갔으며 현재 수색 중"이라고 발표하며 U2기 소련 영공 침범 사실을 은폐하고자 하였다.

이 같은 미국의 허위 발표 배경에는 U2기가 초초고도 운항과 장거리 비행 목적에 충실하게 제작되었을 뿐 기체 강도가 아주 취약해 조종사의 생존이 불가능할 것이라는 오판 때문이었다.

그러나 소련은 즉시 안보리 소집을 요구하고 同 회의 석상에서 조종사 자백 영상과 U2기 잔해까지 공개하면서 전 세계를 상대로 자국의 이익 추구를 위해 군사력을 앞세우는 미국의 제국주의 행태와 비도덕성을 강력하게 비난하였다.

U2기 운항 상상도 chatbot-GPT 4.0 생성

이에 미국은 악화되는 국제여론의 상황 반전을 위해 그동안 미국의 치욕으로 쉬쉬하던 모스크바 주재 美대사관 설치 KGB 도청기 실물을 공개하면서 오히려 "국가의 안전을 위한 상대국에 대한 첩보수집은 국가의 책무이며 정상적인 활동"이라고 주장, 쌍방 간의 비난전이 마무리된 사건이었다.

2-3 코드명 Ivy Bells 작전(소련 해저케이블 도청 사건)

미국은 소련이 1957년 대륙간탄도미사일 발사에 성공한 후 1960년 11월 그동안 발사 시간이 오래 걸리고 고정 시설에서만 발사할 수 있는 등 운영상의 비효율성과 신뢰성 측면에서도 불안정했던 대륙간핵탄도미사일 개량을 완료하고 본격적인 군비 경쟁에 나서는 등 미국의 최대 위협 세력으로 급부상하자 극동지역 소련 핵잠수함 핵미사일 발사 절차 등 핵무기 선제공격 능력에 대한 정보 획득을 위해 태평양함대사령부(블라디보스토크) 해저케이블을 도청하기로 결정하였다.

미 정보당국은 1971년 10월 소련이 자국 영해라고 주장하는 오호츠크海 심해 속으로 美해군 잠수함(Halibut)을 침투시켜 본격적인 도청에 착수하게 되는데 당시 해저케이블은 대부분 동축케이블로 제작되어 케이블 외부로 방사되는 전자파를 수집하여 정보처리를 거치면 해독 가능할 것이라는 판단으로 시작된 것이었다.

해저케이블 도청설비 연결 상상도 chatbot-GPT 4.0 생성

美 해군은 해저 수색 며칠 만에 수심 120m 아래 위치한 해저 케이블을 쉽게 찾을 수 있었는데 이는 소련 태평양함대사령부에서 자국 어민들에 의한 해저케이블 절단을 방지하기 위해 해수면 위에 설치한 경고 팻말(이곳에 닻을 놓지 마시오) 덕분이었다.

당시 소련해군은 해저 깊이 있는 케이블의 안전성을 너무 신뢰한 나머지 모든 전문 내용을 암호화하지 않고 평문으로 송수신하고 있었기 때문에 CIA와 NSA는 정기적으로 잠수함을 파견, 해저 케이블 녹음 내용을 회수하여 분석함으로서 소련 핵미사일 운영 계획과 핵잠수함 기동 작전은 물론 장교들의 사생활까지 완벽하게 파악할 정도로 엄청난 정보의 보물 창고였다고 한다.

그러나 1980년 1월 NSA직원 '로널드 펠튼'이 파산 상태의 빚더미에 시달리다 워싱톤 주재 소련 대사관에 모든 정보를 팔아넘김으로서 이 작전은 종말을 맞이하게 된다. 하지만 미국으로서는 과거 치욕을 안겨주었던 모스크바 주재 美 대사관 도청 사건을 깔끔하게 되갚은 쾌거였다고 자평할 만한 작전이었다.

2-4 모스크바 주재 美 대사관 청사 도청 시도

미국정부는 1979년 2,200만 달러의 예산을 투입, 모스크바 주재 미국대사관 신축 공사에 착수하였다. 당시 미국 내부에서는 러시아의 도청 공격에 대비해야 한다는 우려가 제기된 바 있었지만 美 정보당국은 나중에 미국 기술로 모두 제거할 수 있다며 초기 대응 조치에 대해 방관하고 있었다.

미 대사관 벽체 내부 설치 도청 장치[3]

그 결과 1985년 대사관 완공 시점에 실시한 대대적인 보안 점검에서 기둥, 대들보, 마루 등 건물의 기초 부분은 물론 건물 전체에 수없이 많이 설치된 도청 장치를 적발하고, 이를 제거한 다음 당초 계획대로 대사관 건물로 사용코자 했으나 완전한 제거를 위해서는 철거 外 다른 방법이 없다는 사실을 확인하고 공사 중단과 전면 철거를 결정했다.

이후 미국은 재건축을 진행하며 물을 제외한 모든 장비와 부자

3 출처: https://www.cia.gov/legacy/museum/artifact/gap-jumping-antenna-out-of-us-embassy-in-moscow/

재를 자국에서 직접 공수해서 2000년 완공하게 되는데 공사비용으로 당초 계획보다 거의 12배(2억 6,000만 불)를 지출함으로써 엄청난 수업료를 지불한 셈이 되었다.

이 사건 이후 우리나라는 물론 대부분의 선진국들은 자국대사관 등 중요건물 신축 시 미국의 예를 따라 모든 자재를 자국에서 직접 공수하거나 현장에서 정밀 검수를 통과한 건축 자재만 사용하고 있다.

2-5 CIA, OPEC 본부 및 이란, 이라크 대표단 도청

영국 정보기관과 CIA는 1970년대 1-2차 석유 파동이 발생하자 OPEC 사무총장과 이란, 이라크 대표단의 동향 및 석유 감산 계획, 석유 가격 결정 과정 등 중요정보를 확보하기 위해 대표단 숙소(비엔나 메리어트호텔)에 도청 장치를 운영하였다.

특히 당시 중동 국가 대표단들은 매번 회의 참석 시 같은 호텔, 같은 객실을 사용함으로서 미국 등 서방 정보기관은 아주 은밀한 방법으로 고정형 도청 장치를 설치, 대표단의 모든 동선과 회의 내용을 사전에 확보할 수 있었다고 알려져 있다.

2-6 중국, 장쩌민 전용기 도청 장치 설치 적발

중국 정부는 2001년 미국에서 도입한 장쩌민 총서기 전용기(보잉 767기) 시험 운항 과정에서 항공기 내부에서 발신되는 이상 전파를 포착하고 정밀 조사를 통해 침실, 화장실 등에서 위성으로 직접 연결되는 고성능 도청 장치 27개를 적발했으나 외교적으로 더 이상 문제 삼지 않고 있다고 '워싱톤 포스트'와 '파이낸셜 타임지'가 보도하였다. 미 정보당국은 이 사건을 계기로 중국의 대도청 탐지 능력이 예상보다 훨씬 뛰어난 사실에 충격을 받고, 이후 대중국 전자전 및 방첩 능력에 대한 본격적인 연구와 대응에 나선 것으로 알려져 있다.

장저민 전용기 이해를 위한 사진[4]

2-7 인도 정보기관, 블레어 총리 도청 시도

영국 정보 당국은 2001년 블레어 총리 일행 뉴델리 방문 시 인도 정보기관에서 호텔 숙소에 설치한 도청기를 적발했으나 제거가 어렵다는 것을 확인하고 다른 방을 사용한 바 있다고 당시 블레어 총리 수행 측근이 최근 회고록에서 공개하였다.

4 출처: https://www.pexels.com/ko-kr/photo/14914172/

2-8 영국 국방부, 본관 건물 내 도청 장치 30개 적발

2001년 4월 영국 국방부는 전자전 대응본부 및 정보 담당 사무실 환기구와 벽체 내부에 설치된 도청기 30여 개를 적발했는데 '러시아'에서 설치한 것으로 추정하고 있다고 영국 The Times가 보도하였다.

2-9 영국/미국 정보기관, 코피아난 유엔 사무총장 사무실 도청

영국 '클레어쇼트' 前 국제개발장관은 2004년 2월 영국의 이라크 침공에 항의, 장관직을 사임하고 同年 2. 26. BBC방송 인터뷰에서 "미국과 영국의 정보기관들이 '코피아난' 사무총장실에 도청기를 설치하고 총장실 방문 각국 대표들이 이라크 침공에 대해 비난하는 내용 등을 도청했다"고 주장하였다.

'클레어쇼트' 前장관의 이같은 폭로는 영국 감청기관 소속 여직원(캐서린 건)이 "美 정보당국(NSA)이 영국 정보기관에 앙골라 등 안보리 비상임 이사국 대표들의 동향을 도청해 달라고 요구했다"는 내용의 극비 메모를 공개한 혐의로 기소되었다가 영국 검찰의 재판 포기로 하루 만에 풀려난 다음날 언론에 폭로한 것으로 알려졌다.

※ 영국 감청기관 소속 여직원의 폭로 사건은 2019년 영화(제목: 오피셜 시크릿)로 제작되었다.

2-10 미국/덴마크 정보기관, 메르켈 총리 등 유럽 정치인 도청

美 국가안보국(NSA)이 2012-2014 간 덴마크 정보 당국의 지원을 받아 덴마크 정보통신망을 이용하여 독일 메르켈 총리 등 유럽 주요 정치인들의 문자 메시지와 통화 내용을 도청한 것으로 밝혀졌다.

메르켈 총리 휴대전화 도청 폭로와 관련, 당시 백악관은 "현재 메르켈 총리 휴대전화를 엿듣지 않고 있으며 앞으로도 도청하지 않을 것"이라고 부정한 바 있으나 이후에도 수시로 도청 의혹이 제기되는 등 선진 각국의 주요 인사에 대한 도청 시도는 지금 이 시간에도 끊임없이 진행되고 있다.

2-11 중국, 5년 간 아프리카연합 내부 영상 및 데이터 도청

2018년 1월 31일 프랑스 르몽드지는 아프리카연합(AU) 신축 회의장 내부에 도청 장치가 벌집처럼 설치되어 있고 매일 밤 중국 상하이로 AU 내부 문건을 전송하고 있다고 폭로했는데 당시 아프리카연합 의장국을 맡고 있던 르완다 대통령은 오히려 중국을 두둔하며 논평조차 거부함으로써 한동안 사건 자체가 잊히고 있었다.

그러나 2020.12월 영국 로이터통신은 중국 정부와 연관 있는 것으로 알려진 해킹그룹(Bronze President)에서 2012.1.부터 2017.1간 에티오피아 수도 '아디스아바바'에 위치한 아프리카연합 행정본부 별관 지하 서버 클러스터[5]를 조작, 매일 00:00~02:00

---

5 서버 클러스터: 다른 서버들을 하나로 묶어서 시스템같이 동작시켜 사용자들에게 높

간 내부 보안카메라 영상 데이터(본부 사무실, 회의실 등) 등을 가로채왔으며 중국은 해킹 의혹을 적극 부인하고 있다고 추가 폭로하였다.

이는 당시 비정상적이며 과도한 트래픽이 중국으로 넘어가는 것을 인지한 일본의 CERT(Computer Emergency Response Team) 담당국장이 로이터에 제보한 것으로 알려지고 있다.

2-12 중국, 일본 외교전문 시스템 해킹 및 데이터 도청

2024. 2. 요미우리 신문은 일본 외무성 외교 전문 전산망이 중국발 해킹 공격에 뚫린 것으로 밝혀졌다고 보도, 일본 정부 관계자는 국가 외교망은 극비 정보를 취급하기 때문에 특수암호를 적용하고 인터넷망과 다른 별도의 인터넷 프로토콜 가상 사설망(IPVPN)을 사용하고 있었는데 베이징 주재 일본대사관과 본부 외무성간 상당수의 외교 문서가 중국에 유출된 것으로 파악된다고 언급한 바 있다.

이번 사건은 중국의 해킹 사실을 인지한 미국이 국가안보국(NSA) 담당 국장을 일본으로 급파, 긴급 대책회의를 갖고 미-일 양국 간 대응책을 논의함으로서 외부에 알려지게 되었다.

은 서비스를 제공, 만약 어떤 시스템 장애 발생 시 클러스터로 묶인 다른 서버로 지원할 수 있어 안정적인 작동을 보장.

2-13 러시아 관영언론, 독일 타우루스 미사일 우크라이나 지원 계획 폭로

러시아 관영언론사 RT(Russia Today)는 "독일이 타우루스 장거리 미사일을 우크라이나에 지원, 크림대교 공격 방안을 논의한 바 있다"며 녹취록을 보도하였다(2024. 3.).

독일 정보당국자는 싱가포르를 방문한 독일 국방관계자가 암호화되지 않은 화상회의 플렛폼을 사용함으로서 러시아에 의해 도청당한 것으로 추정된다고 언급한 바 있다.

2-14 러시아, 전세계 해저통신망 도청 시도 및 감시

美 정보기관은 최근 러시아가 잠수함과 정보함을 동원, 북해와 동북아 근해, 미국 근해까지 접근해 주요 광케이블 매설 경로 주변에서 정찰 활동을 전개하자 혹시 모를 해저케이블 도청에 대비하고 해저케이블 보호를 위해 인공위성과 잠수함을 동원하여 예의 주시하는 등 긴박하게 대응하고 있는 것으로 알려져 있다.

해저케이블은 하루에 약 10조 달러(약 1경 4,000조 원) 이상의 자본 거래를 담당하며 전세계 통신 95%가 해저케이블을 이용하고 있는데, 만일 러시아가 심해지역의 해저케이블을 절단하거나 돌발사고를 일으킬 경우, 전 세계 금융시장과 통신망에 엄청난 혼란을 가져올 수 있기 때문에 지속적인 감시활동을 강화하고 있다고 한다.

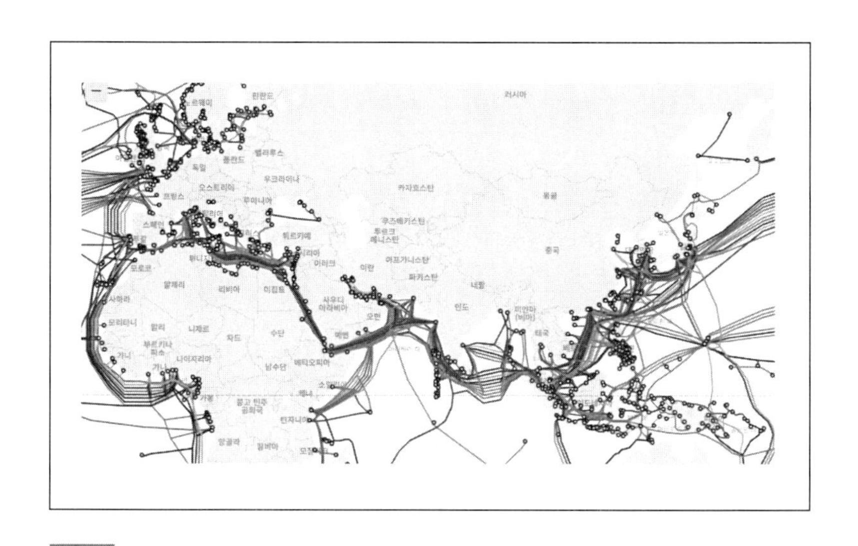

해저케이블 지도[6]

월스트리트 저널은 러시아에서 출발한 중국화물선(『이펑 3호』)이 2024년 11월 17~18일 양일 간 발트해 항해 중 해저 케이블 2개소(독일과 핀란드 및 스웨덴과 리투아니아 연결 케이블)를 절단했는데 이는 同 화물선이 고의로 해저 바닥에 닻을 내려놓고 끌고 가며 운항함으로서 발생한 사건이라고 보도하였다.

또한 월스트리트 저널은 화물선이 해저케이블 주변에서 좌우로 항해했으며 선박 위치를 표해주는 시스템을 꺼놓은 상태로 적발되어 일부에서는 러시아 정보기관의 사주로 발생한 사건이 아니냐는 의심을 하고 있다고 부연 설명하였다(2024. 11. 27).

---

6 출처: https://www.submarinecablemap.com/

도청의 이해와 대응

제 3 장

선진 정보기관 도청 기술

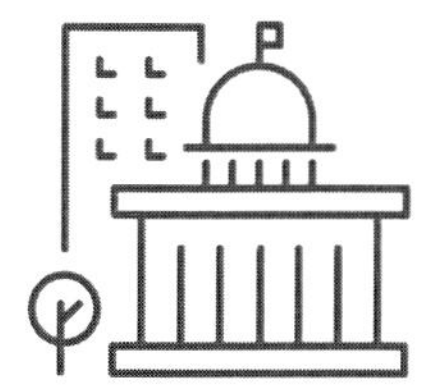

제 3 장

선진 정보기관 도청 기술

CIA와 NSA는 전자 통신기술 발전에 따라 냉전 시기부터 유지해 왔던 스파이 침투 등 인적 자원을 활용한 첩보수집 방식(HUMINT)을 점차 축소하는 대신 도청과 해킹 기술 개발을 위해 매년 50조 원 이상의 개발비를 투자하고 있다.

선진 주요 각국은 최첨단 전자통신 기술을 활용한 첩보수집(TECHINT) 비중을 높여 가면서 최근에는 쌀알 크기의 초소형 도청기를 제작, 대상 목표에서 사용하는 전자기기 내부에 장착하여 투입시키거나 동물 모방형, 스티커, 벽지 형태 등 우리에게 친숙한 주변 사물 형태로 위장하여 실전에 사용하고 있는 것으로 알려지고 있다.

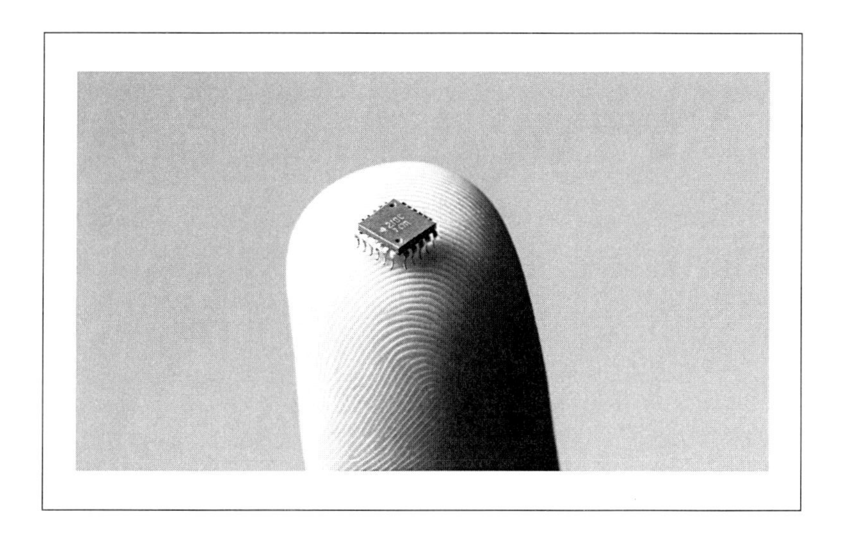

초소형 도청기 이미지-chatbot-GPT 4.0 생성

또한 이들은 1950년대부터 지속적으로 연구해 온 전자기기에서 자연 방사되는 누설 전자파 수집을 통한 데이터 복원, 일명 템페스트(TEMPEST)라고 알려진 도청 기술을 확보하고 도청 대상 특정 기기에서 방사되는 데이터 정보를 선별해서 가로챌 수 있는 능력을 보유하고 있는 것으로 알려져 있다.

3-1 TEMPEST

최근 중요정보를 가로채기 위한 선진 정보 강국의 최대 보안 위협은 TEMPEST(Transient EletroMagnetic Pulse Emanation Surveillance Technology)로 불리는데 TEMPEST는 정보통신기기에서 자연 방사되는 전자파를 차폐하는 기술과 방사 전자파를 수신하여 정밀 처리 과정을 거친 후 원래의 정보로 복원하는 도청 기술 모두를 의미한다.

美 정보 당국은 1950년대부터 각종 전자기기에서 자연 생성, 방사되는 전자파가 주변 기기에 장애를 준다는 사실을 인지, 방사파 방출 제한 기준과 방사파 제어 연구에 착수하였다.

미국은 1960년대 중반에 이미 컴퓨터, 프린터 등 각종 정보기기에서 누설 또는 방사되는 전자파 최대 허용치와 이를 최소화하기 위한 차폐 기준 및 접지 조건, 필터링 방법에 대한 연구를 통해 누설 전자파 방사 기준을 법제화하는 한편 지속적으로 누설 전자파에 포함된 원래의 정보를 복원하기 위한 도청 연구를 심도 있게 진행, 누설 전자파 복원 기술을 확보한 것으로 알려지고 있다.

1985년 네덜란드 연구원 Van Eck가 아주 저렴한 비용으로 컴퓨터 CRT 모니터 화면에서 방출되는 전자파를 수신하여 화면 복원이 가능함을 시연하여 각국의 정보보안 관계자들을 경악케 하는 결과를 공개하자 각국에서도 앞다투어 템페스트에 대한 심도 있는 연구에 착수하게 된다.

1990년대에 이르자 각국에서도 각종 정보기기의 누설방사파 제한과 차폐 규정을 제정하고 자체 보안 기준을 엄격하게 적용하기 시작했으며 사이버-전자전의 중요성이 증가하면서 선진 각국은 컴퓨터 모니터에서 방사되는 전자파를 수집, 해당 모니터의 디스플레이를 재구성하는 연구를 강도 있게 진행해 온 것으로 알려지고 있다.

이후 전자 및 데이터기술의 비약적인 발전에 따라 학계 및 민간 분야에서도 관련 연구가 활발하게 진행되며 비약적으로 발전해 오고 있는 가운데 2023년 핀란드 헬싱키 개최 “Disobey 2023[1] 대회” 참석자가 HDMI 케이블에서 누설되는 방사파를 HackRF One[2] 장비를 이용하여 특정 화면 정보를 원래 화면대로 재생하는 템페스트 도청 시연에 성공한 바 있듯이 향후에는 일반인들도 전파에 대한 기본적인 지식과 관련 장비만 갖춘다면 쉽게 특정 모니터 화면 복원이 가능할 것으로 예상된다.

이같이 컴퓨터, 노트북, 프린터, 팩시밀리 등 각종 정보기기에서 방사되는 누설 전자파에 의한 기밀 유출 가능성이 최대 위협 요인으로 대두되고 있듯이 TEMPEST 공격은 공격자가 정보 소스에 직접 접근하지 않고 외부에서 누설 전파를 수신하여 정보 복원이 가능함에 따라 기밀 정보를 다루는 조직에 상당한 위협으로 작용될 수 있으나 일부 정부 기관, 군사 조직, 금융 기관, 연구시설 등에서는 방사파 누설 도청에 대한 이해가 부족하거나 그 심각성을 과소평가하고 있는 것으로 보인다.

성공적인 TEMPEST 공격으로 인한 피해는 민감 정보의 유출에서부터 지적 재산권 손실, 심지어 국가 안보 위협까지 다양하게 발생 할 수 있으므로 이에 대한 대응책 마련에 좀 더 많은 관심을 가져야 할 것이다.

---

1 https://www.youtube.com/watch?v=cK3j7w8oJzo

2 HackRF One: 1MHz에서 6GHz까지의 무선 신호를 송수신할 수 있는 소프트웨어 정의 무선 주변 기기로 최신 및 차세대 무선 기술의 테스트 및 개발을 가능하게 하도록 설계된 HackRF One은 USB 주변 기기로 사용하거나 독립 실행형 작동을 위해 프로그래밍할 수 있는 오픈 소스 하드웨어 플랫폼

3-1-1 TEMPEST 위협 차단을 위한 기본적인 권고사항

① **차폐:** 중요 기밀을 다루는 정보기기는 누설 전자파 차폐효과가 높은 금속 박스 내부에 설치, 자체 방사 누설 전자파 최소화 조치

② **재밍(Jamming):** 재밍은 정보기기 방사파와 유사한 대역폭의 특성을 갖는 신호를 방사하여 원래 방사파를 인식하지 못하도록 다른 전파로 교란

③ **필터링:** 전원코드 및 데이터 케이블에 필터를 설치하여 선로를 통해 외부로 방출되는 누설 전자파를 최소화시켜 공격자가 쉽게 가로채지 못하도록 제한

④ **접지:** 접지는 전통적으로 외부로 방출되는 전자파를 그라운드로 우선 배출, 누설 방사파 최소화

□ HackRF One

HackRF One은 1MHz~6GHz까지 무선 신호를 전송하거나 수신할 수 있는 SDR[3](소프트웨어 정의 라디오)을 말한다.

차세대 무선 기술을 테스트하고 개발할 수 있도록 설계된 HackRF One은 USB 주변장치로 사용하거나 독립 실행형 작동을 위해 프로그래밍할 수 있는 오픈 소스 하드웨어 플랫폼으로 이용되고 있으며 일반적인 하드웨어(예: 믹서, 앰프 및 변조기 포함) 대신 소프트웨어를 사용하여 구현하는 무선 통신 장치로서 SDR은 무

---

3 SDR(Software Defined Radio/소프트웨어 정의 라디오): 무선 통신에서 변·복조 과정을 소프트웨어를 통하여 처리하는 기술이다.

선 파형에 디지털 신호 처리를 적용한 것이다.

이는 과거 소프트웨어 기반 디지털 오디오 처리 기술과 유사한데 컴퓨터의 사운드 카드가 오디오 파형을 디지털화하는 것처럼 무선 파형을 디지털화하는 장치를 말한다.

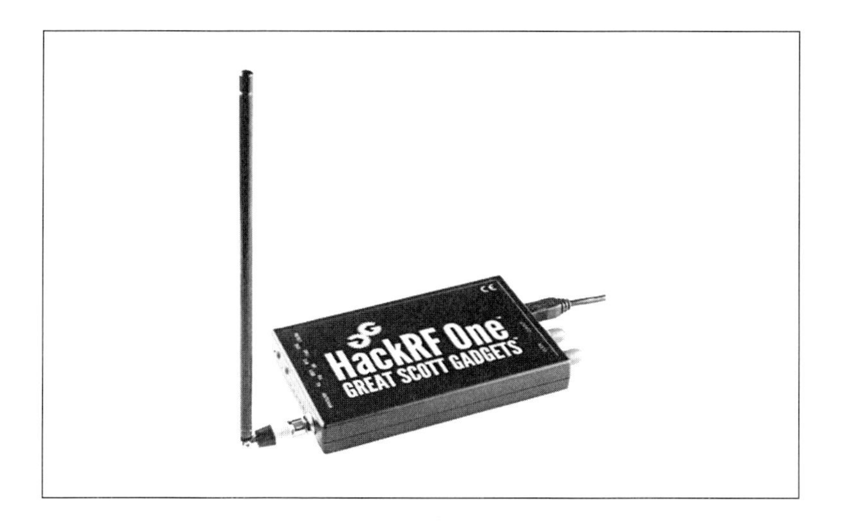

HackRF One 수신기[4]

(1) SDR의 종류

① **SDRPlay:** 보급형 SDR기기로 RSP1, RSP2, RSP2Pro 등 3종류 모델

② **microtelecom Perseus SDR:** HF 대역전용 SDR로 10kHz~30MHz 수신 가능

---

4 출처: https://greatscottgadgets.com/hackrf/one/

③ **WiNRADiO**: 9kHz~3.5GHz 범위 광대역 SDR 기기 WR-G31DDC 시리즈 판매

④ **RFSpace**: NetSDR+, CloudIQ, CloudSDR 등 판매

⑤ **BladeRF**: 300MHz-3.8GHz 범위로 디지털 통신에 적합 연구 목적 활용

⑥ **Airspy**: 24MHz-1.8GHz 범위 전용 수신 가능

(2) Software-Defined Radio(SDR)

디지털 신호처리 수행을 위해 일반적으로 구성가능한 RF 프론트 엔드[5]와 FPGA[6] 또는 프로그램이 가능하도록 구성된 SoC(단일 칩 시스템) 무선 기기로 SDR 하드웨어는 다양한 신호의 송수신이 가능, FM 라디오, 5G, LTE, WLAN 대역까지 여러 무선 통신 표준을 구현할 수 있다.

SDR 하드웨어는 다양한 무선 통신(선박, 항공, 무선전화, 각종 센서 통신, 아날로그 TV전파 등)의 디지털 통신 엔지니어링 작업을 위한 저비용 플랫폼으로 수많은 공개자료를 통해 GPS 신호수신 및 스펙트럼 아날라이저는 물론 전파 감시와 분석이 가능한 기기로 계속 진화되고 있으므로 대도청 탐지 전문가들은 향후 얼마나 더 많은 자료가 공개될지 관심을 갖고 지켜봐야 할 장비라고 생각된다.

---

5 RF 프런트엔드: 일반적으로 안테나와 RF 트랜시버 사이에있는 모든 구성 요소의 총칭으로 무선 주파수 신호를 수신하고 전송하는 기능이 있다. 대표적으로 RF 프런트엔드 모듈은 Wi-Fi, Bluetooth, 셀룰러, NFC, GPS 등의 네트워킹, 파일 전송 기능 등을 실현

6 FPGA: Field Programmable Gate Array는 사용자가 구매한 다음 자신이 원하는대로 프로그램을 변경할 수 있기 때문에 특정 목적의 장비 개발자들이 많이 사용하고 있다.

3-2 아이폰 및 윈도우/리눅스 운영체제 보안 무력화 기술

CIA와 NSA는 물리적 방식의 전통적인 도청 기법이 쉽게 적발되는 등 점차 정보 획득이 어려워지자 아이폰, 안드로이드 및 윈도우, 리눅스 보안 체계를 무력화시키는 해킹 기법을 개발, 휴대형 모바일 기기가 도청기로 작동되도록 조종함으로써 개인과 주요 인사에 대한 표적 도청에 사용하고 있다.

CIA와 영국 MI5는 스마트TV가 꺼진 상태에서 거실 및 회의실 대화를 전송받는 악성프로그램(Weeping Angel)을 개발, 도청 공격에 활용해 왔는데 스마트TV는 스트리밍 앱, 내장 카메라와 마이크 기능이 항상 인터넷에 연결되어 있기 때문에 외부 해커에 의해 제어될 수 있어 도청 공격에 취약하다.

스마트TV 이용 도청 이미지-chatbot-GPT 4.0으로 생성

3-3 자동차 제어시스템 해킹

NSA는 2014년부터 세계 유수의 자동차 제어 시스템(Body Control Module) 등 차량 소프트웨어를 해킹, 정치인 등 유명 인사들의 통화는 물론 내부 대화를 도청하고 위치 추적이 가능한 기술을 적용, 실시간 동향을 파악하고 있는 것으로 알려지고 있다.

차량내부 대화 등 실시간 도청 시연도-chatbot-GPT 4.0으로 생성

미국 해커출신 찰리 밀러와 크리스 발라섹은 '체로키 지프'의 ECU(Electronic Control Unit)[7]를 해킹, 핸들과 액셀레이터를 임의

7 ECU(Electronic Control Unit): 자동차 전자제어 장치로 과거에는 단순 엔진제어 유닛의 기능을 갖고 있었으나 차량의 전자화가 광범위하게 진행됨에 따라 변속기 및 차제 자세제어, 타이어 공기압 관리, 실내온도 관리 등을 제어하는 장치의 총칭으로 사용

로 조작하여 고의적으로 사고를 유발하는 영상을 유튜브에 게시, 자동차에 대한 해킹 위험성을 만천하에 공개한 바 있다.

대다수의 보안전문가들은 '테슬라' 등과 같이 인터넷 서버에 상시 연결되어 실시간 교통 상황, 날씨, 지형정보 등 일체의 주행 정보를 주고받는 자율주행 자동차(일반 전기자동차도 포함)는 운전자 및 탑승자의 모든 정보(실내대화, 생체정보 등)를 본사 서버에 저장할 수 있기 때문에 만약 해킹 등으로 외부 유출될 경우에는 심각한 피해를 당할 수 있다고 진단하며 운전자들의 개인 보안 관리 중요성을 강조하고 있다.

3-4 라우터 시스템 해킹

NSA는 미국 CISCO社를 비롯 주요 통신장비 회사에서 판매 중인 라우터 장비의 최적 경로 지정 기능을 해킹, 도청 목표로 삼은 정보기기의 트래픽을 지정된 서버로 경유토록 조종함으로써 이메일과 음성정보, 영상 데이터 등을 선별하여 가로챌 수 있는 기술을 확보하고 있으며 지금도 전 세계 트래픽을 감시중인 것으로 알려져 있다.

영국의 시장조사기관 옴디아 발표 자료에 의하면 2023년 5G 통신 장비 점유율에서 중국 화웨이(31.3%), 중국 ZTE(13.9%) 및 유럽 에릭슨(24.3%), 노키아(19.5%) 등으로 그중 중국산 장비가 45% 이상의 점유율을 차지하고 있는데 특히 중국 인민해방군과 밀접한 관계인 것으로 의심받고 있는 화웨이 장비에 대한 서방 진영의 정보 탈취 의구심이 점차 높아지고 있는 상황이다.

과거 트럼프 대통령은 1기 정부 당시에 "화웨이가 라우터 및 스위치 장비에 백도어를 심어 미국의 기밀을 빼내간다"며 2020. 5. 중국산 통신장비 사용금지를 지시한 바 있듯이 라우터 시스템을 이용한 정보 유출 가능성은 각국 정보 당국의 최우선 관심사로 상시 주시하며 대응하고 있다는 것은 공공연한 비밀이다.

라우터 이미지[8]

NSA 내부 폭로자 '스노든'은 과거 영국 정보통신본부(GCHQ)가 시스코社 라우터를 해킹, 파키스탄 정보기관 네트워크에서 엄청난 규모의 데이터를 도청한 바 있다고 폭로하였다.

8 출처: https://www.pexels.com/ko-kr/photo/159304/

영국정보통신본부:[9] GCHQ

3-5 스파이 USB 케이블

2008년 미 정보당국은 아무런 의심 없이 사용할 수 있도록 일반 USB 케이블 형태를 모방한 스파이 장비를 제작하여 이를 목표 주변에 무작위로 살포하거나 정보 통신기기에 은밀히 설치하여 실시간으로 중요정보를 가로채는 용도로 사용한 것으로 알려져 있는데 개발 초기에는 1Set당 1,000불이 넘는 가격이었으나 현재는 인터넷(아마존 등)에서 저렴한 가격으로 쉽게 구매 가능하다.

스파이 USB 케이블은 통신망에 연결된 기기(스마트폰, 외장하드, 컴퓨터 등) 간에 주고받는 데이터를 내부 유심칩에 지정된 특정 전

9 출처: https://www.gchq.gov.uk/section/locations/cheltenham

화번호로 전송하거나 외부 원격 제어를 통해 대상 목표 기기에 해킹 프로그램을 설치할 수 있는 기능을 갖고 있다.

스파이 USB 케이블[10]

3-6 광섬유 도청기

최근 심도 있는 도청기로 광섬유 마이크를 활용한 도청이 대세인데 이는 육안 탐색이 어렵고 대표적인 도청 탐지 장비로 사용되는 비선형 소자 탐지 장비(NLJD)와 금속탐지기, 스펙트럼 분석기 등을 회피하고 무력화시킬 수 있어 공격자들이 아주 선호하는 도청기로 알려지고 있다.

---

10 출처: https://www.amazon.in/FREDI-HD-PLUS-Listening-Locator/dp/B07JC1ZVGM

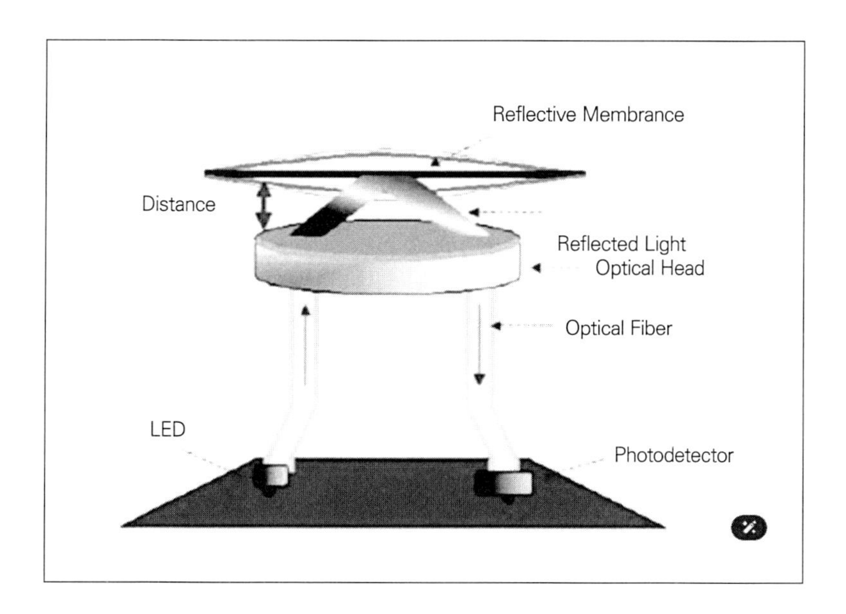

광섬유마이크 구조[11]

※ 17-8 광섬유 도청기 탐지편 참조

3-7 최근 주목받는 첨단 도청 기법 소개

최근 주요 선진 정보 강국은 기존의 효율성이 떨어지는 도청 수단을 대체하기 위해 레이저 및 진동/모션 센서 등 최첨단 측정 기술을 적용한 신뢰성 높은 도청 기법 개발과 적용에 힘쓰고 있다.

(1) Earspy 도청

Earspy 기술은 실내 스피커 또는 다른 음향 장치에서 만들어지

11 출처: https://www.researchgate.net/figure/PHONE-OR-Fibre-Optical-Microphone_fig1_235898204

는 반향(물리적 진동)을 읽어들이는 모션 센서[12]의 데이터 판독값을 가로채 신호처리를 거친 다음 원래의 소리로 재구성하는 도청 기법이다.

도청 과정은 스피커 등 음향 장치 또는 대화 중에 생성된 음파가 창문 등에 반사되어 발생하는 진동 데이터를 도플러 진동계,[13] 가속도계[14] 등을 이용하여 수집한 다음 이를 음성신호로 복원하는 절차를 거쳐 완성된다.

텍사스A&M대학교 연구팀[15]의 EarSpy 연구에 따르면 loudspeaker의 반향이 모션 센서에 음압을 가하면 이때 발생하는 전기적 변화를 단어 영역, 시간 및 주파수 영역 등으로 나누어서 감지하고 각 단어 영역에 대한 스펙트로그램[16]을 생성하는데 Earspy 도청 실험 결과, 성별 감지에서 최대 98.66%, 대화자 감지 92.6%, 숫자 감지에서 56.42%의 정확도를 보였다고 발표한 바 있듯이 모션 센서를 이용한 전화 도청이 충분히 가능하다고 공개하였다.

(2) 라이다폰 도청

Lidarphone 도청은 가정용 로봇청소기가 LiDAR 센서(빛 감지

---

12 모션 센서: 동작 감지기, 지진 센서라고 하며 주변의 사람이나 동물 또는 기타 물체의 존재와 움직임(진동도 포함)을 감지

13 도플러 진동계: 움직이는 물체에서 반사된 빛은 물체의 속도에 비례하여 변화(도플러 효과)하는 주파수 편이(변화)를 측정, 물체의 진동운동을 음성 주파수로 복원

14 가속도계: 가속도는 단위 시간당 속도를 말하며 가속도센서는 물체의 움직임, 기울기, 진동 등을 측정하는데 특히 진동 측정값을 정밀 신호처리 절차를 거쳐 음성 복원에 사용

15 https://arxiv.org/abs/2212.12151(Tanvir Mahdad Texas A&M University)

16 스펙트로그램: 소리 또는 파형을 시각화 하여 그림으로 나타냄

및 거리측정)에서 발사되는 펄스 형태의 레이저빔으로 청소 범위를 결정하고 실내 배치 사물의 거리를 측정, 장애물을 회피하고 충돌 방지를 위해 활용되는 기술을 적용한 도청 기법이다.

싱가포르대 연구팀은 로봇 청소기의 주행에 사용되는 라이다 센서에 수신되는 레이저빔 신호가 실내 음향 진동수에 따라 변화된다는 사실을 확인하고 이신호를 정밀하게 프로세싱할 경우 실내 대화나 음향 청취가 가능함을 시연한 바 있다.

LiDAR 센서 적용 실내청소 자동로봇[17]

---

17 출처: https://www.pexels.com/ko-kr/photo/8566447/

同 연구팀은 LiDAR 센서[18]가 실내에서 발생되는 숫자 읽는 소리 인식 프로그램과 TV 뉴스 프로그램의 시작을 인식할 수 있도록 학습시킨 결과 모두 90% 이상의 정확도를 보였다고 발표하였다.

그러나 아직은 로봇청소기의 도청 장비 악용 가능성은 낮다고 판단된다. 이는 대부분의 로봇청소기가 외부로 정보를 전송할 수 있는 네트워크에 연결되지 않은 채 사용되고 있으며 설사 홈네트워크에 연결되더라도 현재로서는 많은 단계를 거쳐 로봇청소기 센서 데이터를 가로채는 것은 쉽지 않다. 하지만 지금과 같은 통신기술 발전 추세라면 조만간 정보보안 담당자들이 관심 갖고 주목해야 할 과제라고 할 수 있을 것이다.

(3) Spearphone 도청

Spearphone 공격은 "스마트폰 모션 센서(가속도계)를 통해 감지한 모든 실내 반향(소리가 어떤 장애물에 반사되어 다시 돌아오는 현상)을 캡처함으로서 프라이버시를 침해하는 공격"의 약자로, 앨라배마大 버밍엄 캠퍼스와 러트거스 대학교 학술팀에 의해 도청 가능성이 알려지게 되었다.

이들은 최근 Spearphone 관련 논문[19]에서 실내 발생 음향이나 반향이 스마트폰 몸체를 진동시키면 가속도 센서가 이를 데이

---

18 LiDAR 센서: 레이저 빛을 사용, 사물의 위치와 거리 운동방향, 속도 등을 측정하는 원격 감지 기술. LiDAR 장비는 레이저, 스캐너 및 GPS 수신기가 포함되며 지도측량, 자율주행차 운행 등에 사용됨

19 Spearphone: A Lightweight Speech Privacy Exploit via Accelerometer-Sensed Reverberations from Smartphone Loudspeakers

터화할 수 있음을 증명한 바 있는데 현재 사용 중인 대부분의 안드로이드폰이 이러한 취약점을 갖고 있으며 특히 스피커 모드로 사용할 때 도청 공격에 가장 취약한 것으로 밝혀진 바 있다.

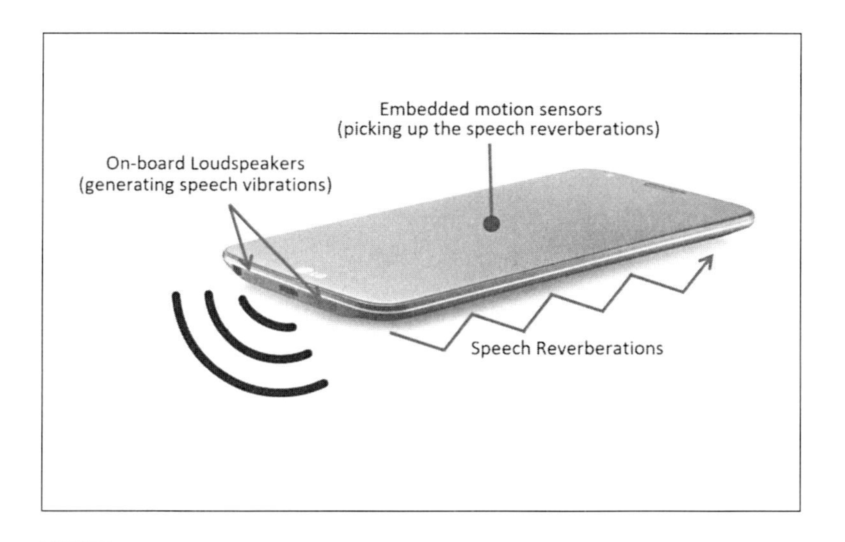

내장스피커 진동에 의한 모션 센서 인식 과정 그림[20]

대부분의 스마트폰이나 태블릿 PC에 기본 설치되어 있는 모션 센서는 물리적 진동을 감지하는 소프트웨어로서, 스마트폰을 스피커 모드로 사용할 때 스피커를 통해 나오는 모든 오디오는 내장된 가속도계에 의해 음파의 반향 형태로 포착될 수 있다는 것이

20 출처: https://www.winlab.rutgers.edu/~yychen/papers/(WiSec'21)%20Spearphone%20a%20lightweight%20speech%20privacy%20exploit%20via%20accelerometer-sensed%20reverberations%20from%20smartphone%20loudspeakers.pdf

밝혀졌다.

현재 사용 중인 모바일 운영 체계는 모션 센서에서 생성되는 데이터에 대한 접근을 차단할 수 있는 기능이 없어 도청 공격자는 언제든지 데이터에 접근, 실시간으로 실내의 반향을 듣고 이를 기록할 수 있다.

모션 센서는 주변 음압의 미세 변화를 측정, 데이터 처리를 통해 음량, 위치 정보, 심지어는 대화자의 목소리까지 분석 가능하기 때문에 이를 바탕으로 통화 패턴, 정치적 성향, 주요 이슈에 대한 민감도는 물론 개개인의 프라이버시 문제 등 미미한 사안까지도 수집 가능한 것으로 알려지고 있다.

이러한 도청 시도에 대응하기 위해서는 통화 시 스피커폰 사용보다는 이어폰을 사용함으로써 외부로 노출되는 음량을 최소화하고 신규 앱을 다운로드할 경우에는 휴대폰 데이터 접근 권한을 가급적 최소화할 것을 권고한다.

(4) multimodal AI 도청

인간이 사물을 이해하기 위해 시각, 청각, 촉각, 후각, 미각 등 다양한 부문 정보를 통합하여 인식하는 방식을 컴퓨터에 적용하는 과정에서 멀티모달의 개념이 등장하였으며 모달리티(Modality)는 통상적으로 어떤 형태로 나타나는 형상이나 그것을 수용하는 다양한 방식을 말한다.

현재의 멀티 모달리티는 AI 등장과 함께 시각, 청각, 진동, 가속도 등 모든 정보를 주고받는 동시에 사고하고 학습함으로써 인간이 사물 현상을 이해하기 위해 받아들이던 다양한 방식과 동일하게 학습하는 정보 인식의 종합판이다.

멀티모달 AI는 텍스트, 이미지, 음성 등 여러 종류의 데이터를 동시 처리할 수 있는 기술로 기계가 인간처럼 여러 감각을 동시에 받아들이고 활용할 수 있게 되어 더 풍부하고 복잡한 정보를 처리할 수 있다.

또한 다양한 정보를 통합하여 하나의 의미 있는 정보를 생산하고 서로 다른 모달 정보를 상호 연관시켜 종합적 추론한 다음 그 결과를 사용자에게 제공하는 인공지능의 형태로서 조만간 이를 적용한 새로운 도청기술이 등장할 것으로 예상된다.

① 멀티모달 AI의 대표적인 활용사례

첫째 음성을 인식하여 텍스트로 변환하는 기술,

둘째 영상에서 물체나 사람을 인식하고 관련 정보를 제공하는 기술,

셋째 자연어 처리기술로 자연어의 의미를 파악하고 응답을 생성하는 기술,

넷째 사람의 표정이나 감정을 인식하는 기술,

다섯째 가상의 정보를 결합하는 AR(증강현실)[21] 기술.

멀티모달은 VR(가상현실)[22] 및 현실 세계와 가상 세계를 결합하는 메타버스 기술 등 2개 이상의 다른 루트에서 수집한 정보를 최

---

21 증강현실: 실제 환경에 가상의 사물이나 정보를 합성하여 마치 원래의 환경에 존재하는 사물처럼 보이도록 하는 컴퓨터 그래픽 기법

22 가상현실: 컴퓨터 시스템 등을 사용해 인공 기술로 만들어서 실제와 유사하지만 실제가 아닌 특정한 환경이나 상황 또는 기술을 말한다.

종단계에서 이를 종합, 정보판단을 내리는 방식으로 최근 의료 진단과 자율주행 자동차 운행 등으로 그 적용 대상이 확대되고 있다.

② 멀티모달 적용분야

- 자율주행차량: 카메라+레이더+라이다 센서의 결합을 통해 시각적 데이터를 수집하고 거리 및 속도 정보를 추가하여 종합적인 환경을 인식
- HCI(Human Computer Interaction): 인간의 음성 및 행동과 인식을 컴퓨터와 결합, 시각적으로 표시하는 것으로 컴퓨터를 인간의 의지를 자유롭게 하고 창의력 있는 의사 소통을 증진시키기 위한 도구로 사용하려는 연구
- 의료 진단: 이미지+텍스트 데이터(MRI, CT)와 환자의 병력을 결합, 진단 결과의 정확성 확보에 활용

현재 멀티모달 방식은 자율주행 자동차와 순찰 로봇 운영을 위한 각종 정보 확보와 3D 지도 제작자료 수집 등에서 활발히 사용중으로 순찰 로봇의 경우 RGB 카메라,[23] IR 카메라, Depth 카메라,[24] 열화상 카메라, 나이트 비전 카메라, 다채널 마이크, 라이더 센서 등을 동원하여 각각의 데이터를 획득한 다음 종합적인 판단에 적용하고 있다.

---

23 RGB 카메라: 가시광선(400~700nm)을 전기 신호로 변환한 다음, 인간의 시각이 인식하는 것 같이 이미지를 생성하도록 설계

24 Depth 카메라: 근처의 물체를 자동 감지 하고 이동 중 물체의 거리를 측정

③ 멀티모달 AI를 활용한 도청 악용 가능성

향후 도청 공격자들은 도청 탐지를 우회하기 위해 오디오 분석, 비디오 영상분석, 주변 환경 인식 등 다양한 채널을 구축해 놓고 각각의 부문별 데이터를 수집한 다음 이를 멀티모달 AI를 통해 최종 통합시킴으로써 완전한 도청 자료를 확보하게 될 것으로 예상된다.

또한 멀티모달 AI는 특정 장소의 대화 내용을 선별적으로 감시할 수 있는 수준까지 진보될 것으로 전망되는 만큼 정보보호 담당자들은 최신 정보통신 기술 변화를 예의 주시하며 관련 방어 대책 연구에 나서야 할 것이다.

(5) AI를 이용한 음향 측면채널 도청

인공지능의 발전에 따라 AI가 입력 소리를 청취하고 분석하여 키 입력을 식별하는 새로운 형태의 음향 측면채널 공격(acoustic side channel attacks)이 가능하다고 2023년 발표된 연구논문[25]에서 공개하였다.

Zoom 등 일반 화상회의 플랫폼 사용 시 마이크를 통해 캡처된 음향을 AI 프로그램으로 분석할 경우 93% 이상의 정확도로 도청 대상 인사가 작업하는 글자판 입력 패턴을 감지하고 각각의 키에서 발생되는 텍스트를 해독할 수 있음을 증명한 바 있다.

이는 인공지능 시스템을 사용하여 개개인의 특성에 따라 키 입

---

25 Partners Universal International Innovation Journal (PUIIJ) Volume: 01 Issue: 04 | July- August 2023 | www.puiij.com

력 사이의 타이밍 특성을 식별하고 자판과 타이핑 압력 차이에 따라 발생하는 자판 소음을 각각의 고유한 음향으로 저장한 다음 AI 학습을 통해 자판의 해당 문자, 숫자 및 기호와 일치시켜 텍스트를 구현하는 도청 방식이다.

이러한 acoustic side channel attacks 실행 가능성은 2021년 캘리포니아 大 어바인 캠퍼스와 시카코 대학교의 사이버 보안 연구원들도 입증한 바 있는데 아직 초기 단계이지만 향후 개인정보 보호 및 보안을 심각하게 훼손할 수 있는 주요 위협 요인으로 부상할 것으로 예상되고 있다.

지금까지는 우리 사회의 정보보호를 위한 주요 보안 방책으로 안티바이러스 프로그램과 소프트웨어 업그레이드, 방화벽 및 침입탐지 시스템 등으로 보안을 강화해 왔지만 이제는 단순 오디오 신호 분석만으로 원하는 장소와 원하는 내용의 도청이 가능한 것으로 밝혀짐에 따라 중요정보를 보호해야 하는 개인과 기관, 단체 입장에서는 엄청난 위협으로 작용할 수 있다는 점이다.

펜데믹 이후 수많은 통화자들이 화상 회의 프로그램에 접속, 정보교류가 이뤄지고 있는데 Zoom 같은 대부분의 화상 프로그램은 마이크를 통해 키 입력 음향이 실시간 외부로 전송되고 있으므로 강력한 마이크 관리 절차와 음향 도청 차단을 위한 부수적인 조치가 요구된다.

※ 화상회의 앱 Zoom은 2019년 1,000만 명이 사용했으나 펜데믹 기간 중 3억 명으로 증가

음향도청 위협 최소화를 위한 기본적인 조치로는 강력한 무작위 암호 사용과 2단계 이상의 다단계 인증 및 음향 발생을 최소할 수 있는 입력방식 도입(스크린 자판 등), 오디오 마스킹 장치 또는 가상의 키보드 사운드 사용 등 일련의 조치를 시행함으로써 도청 위협을 최소화할 수 있을 것으로 판단된다.

(6) 모션 센서 기반 음향 도청

스마트폰이나 기타 모바일 기기 내부에 기본으로 탑재된 모션 센서(가속도계 및 자이로스코프)를 사용하여 주변의 음향신호를 캡처하고 분석하는 기술로서 이는 도청 공격자가 마이크 제한 권한을 우회할 수 있어 사용자가 전혀 인식하지 못하는 상태에서 도청이 가능하다.

① 가속도계

가속도계는 물체의 가속력을 측정할 수 있는 관성 센서로서 가속력 측정은 가속도에 따라 발생하는 관성력과 정전용량의 변화를 측정하여 가속도의 크기와 방향을 계산한다.

현재 스마트폰이나 스마트워치 등 스마트 기기에 사용되는 가속도 센서는 MEMS[26](Micro-Electro-Mechanical Systems)를 사용하는데 3개의 감지 축이 신체의 가속도를 포착하여 가속도가 적용

---

26 MEMS 센서는 시스템을 제어하는 입력으로써 단일 축 또는 복수 축을 따라 선형 가속도를 측정하거나, 단일 축 또는 복수 축에 관한 각 운동을 측정하는 다양한 애플리케이션을 제공한다. 모든 MEMS 가속도계 센서는 공통적으로 위치 측정 인터페이스 회로에서 질량의 변위를 측정한다.

되면 이에 따른 정전용량의 변화는 아나로그 신호를 생성하게 되어 오디오 신호 재구성이 가능하다.

② 자이로스코프

자이로스코프 MEMS는 로터, 회전축, 짐벌 좌표계(내부 및 외부 링) 등으로 구성되며, 자이로스코프는 로터가 고속으로 회전할 때 외부의 힘이 작용되지 않으면 로터의 스핀들은 축 방향으로 고정된 상태로 유지되지만 외부 힘이 작용할 경우 로터의 스핀들이 회전하면서 2차 진동을 생성하게 되는데 이를 자이로스코프의 공진주파수라고 한다.

이때 생성되는 진동을 측정하여 변화 량의 증감을 음향 및 음성 분석을 위한 마이크로 사용함으로써 잠재적인 도청위협 가능성을 보여준 바 있다.

(7) 광센서 기반 음향 도청

포토다이오드, 광전증배관,[27] 포토트랜지스터 등을 사용하여 대상 물체 움직임과 진동에 따른 빛의 변화를 수집, 정보처리 절차를 거쳐 원래 사운드를 복원하는 도청 방식이다.

① 카메라 기반 도청

카메라의 광학센서를 이용하는 도청으로 1초당 250프레임 이

27 자외선/가시광선 영역 범위의 빛이 광전면에 부딛칠 경우 광전면에서 전자를 방출, 이를 전류로 증폭시켜 출력하는 진공관으로 효율이 좋아 대표적으로 야간투시경 등에 사용된다.

상의 초고속으로 도청 목표 내부에서 음파에 의해 생성된 물체의 진동을 이미지로 포착한 다음 녹화된 화면을 사운드 신호로 복원하는 정보처리 절차를 거칠 경우 음향 복원 가능한 것으로 알려져 있다.

미 MIT공대, 코넬대학 연구진들은 2016년 실내의 나뭇잎과 금박지(과자포장지)가 음파에 의해 진동하는 것을 촬영하여 실내 음성을 복원했다고 공개한 바 있다.

② 레이저 빔 센서 기반 도청

라이더(lider) 센서는 레이저 빔을 방사하여 되돌아오는 레이저 빔을 통해 주변 환경을 스캔하고 주변 물체와의 거리를 측정하는 기술로 자율주행차, 기상학, 천문학 등 다양한 분야에서 사용 중으로 실내에서 파동 형태의 음파가 발생될 경우 주변 물체 표면에 물리적 진동을 만들게 되는데 물리적 진동을 담아 되돌아오는 레이저를 수신하여 정보처리 절차를 통해 오디오 복원이 가능하다.

LidarPhone은 로봇 진공 청소기의 레이져 반사를 이용, 삼각측량을 통해 실내 미세 진동을 포착하고 신호처리 절차를 거쳐 실내의 음성정보 추출이 가능하다고 발표된 바 있다.

③ 원격 광센서 기반 Lampone 도청

실내 대화 생성에 따른 빛의 파장 변화를 수집, 오디오로 재구성하는 도청으로 외부에서 목표대상 실내의 광변화를 측정함으로써 실내 음향을 복원할 수 있다.

실내 발생 진동(음압)은 실내 전구 표면에 진동을 일으켜 빛의 파장변화를 생성하게 되는데 이를 광센서 기반 장비로 수신하여 가로챌 수 있다. 그러나 이런 접근 방식은 대상을 직접 볼 수 있는 위치에서만 가능하며 주변 조명과 기상 조건 변화에 취약하기 때문에 현재로서는 실험실 차원의 도청이 가능 사실이 증명되었을 뿐 실제 상황에서는 다양한 변수로 쉽지 않을 것으로 보인다.

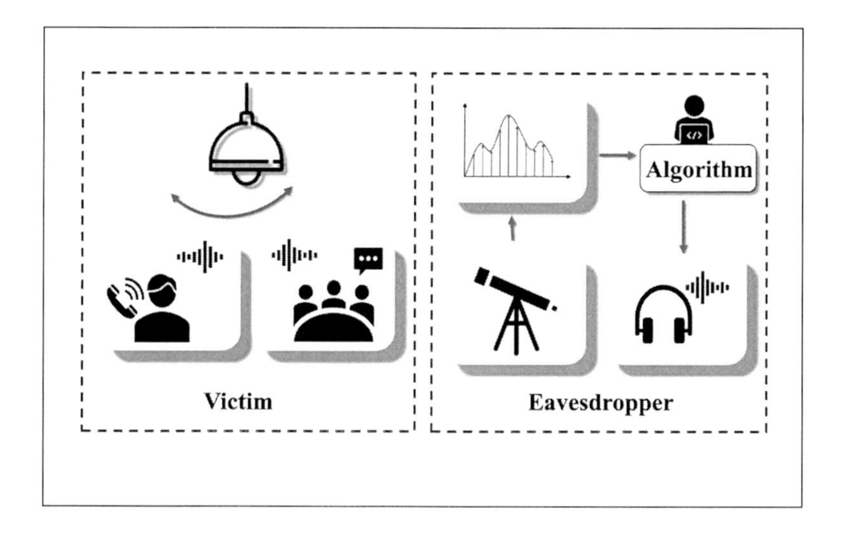

Lampone 도청 진행도[28]

28 출처: https://ars.els-cdn.com/content/image/1-s2.0-S2667295224000448-gr2_lrg.jpg

도청의 이해와 대응

4-1 무선 도청기

4-2 유선 도청기

4-3 레이저 도청기

제 4 장

도청 장치의 종류

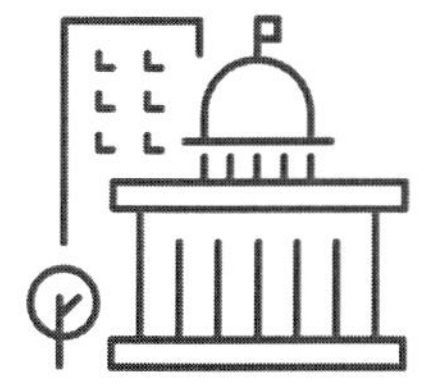

제 4 장

도청 장치의 종류

4-1 무선 도청기

소형 마이크와 송신기로 구성되며 기본적으로 음성 정보나 영상정보 또는 각종 데이터 정보를 수집, 무선으로 전송하는 기능을 가지는데 주로 주거지, 회의실, 일반 사무실, 차량 등 다양한 장소에 숨어들 수 있도록 제작, 운영된다.

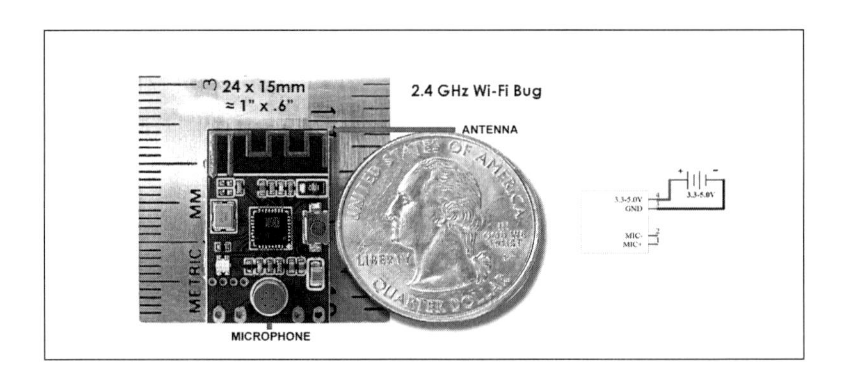

2.4GHz 호핑방식 무선 도청기[1]

1 출처: https://counterespionage.com/2-4-ghz-bug/

4-2 유선 도청기

전통적으로 20세기 초부터 사용되던 방식으로 전화 선로에 직접 연결하거나 또는 실내에 도청용 선로를 배선해 놓고 통화 내용과 주변 음향 등을 도청한다.

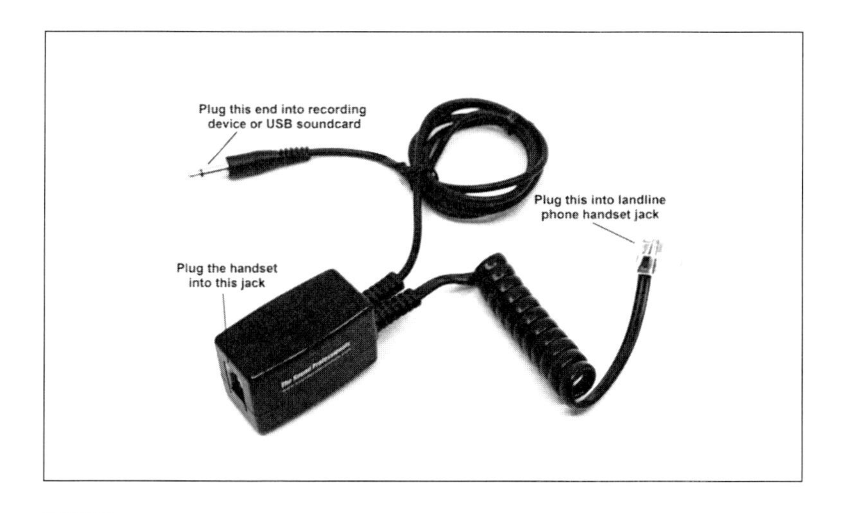

유선 도청기[2]

4-3 레이저 도청기

레이저 도청은 음파가 직접 닿는 창문이나, 음파가 반사될 수 있는 실내 특정 반사면(거울, 금속 장신구, 전구 표면 등)에 레이저를 발사한 다음 음압의 변화에 따라 진동하는 물체 표면의 미세한 진동 차이를 수신, 고도의 정보처리 절차를 거쳐 원래 음성으로 복원

2 출처: https://soundprofessionals.com/product/SP-TELEPHONE-TAP/

하는 도청 기법이다.

美 CIA는 '오사마 빈 라덴'이 파키스탄 '아보타바드' 3층 건물에 숨어 있다는 사실을 확인하기 위해 레이저 도청기를 사용했던 것으로 알려져 있는데 결국 지역주민 증언, 통신첩보, 위성 영상정보 등 모든 정보를 종합, 은신처를 확인한 미국은 2011년 5월 특수부대를 파견, 빈 라덴을 제거하였으며 레이저 도청기는 사건 해결에 중요한 역할을 담당했다고 한다.

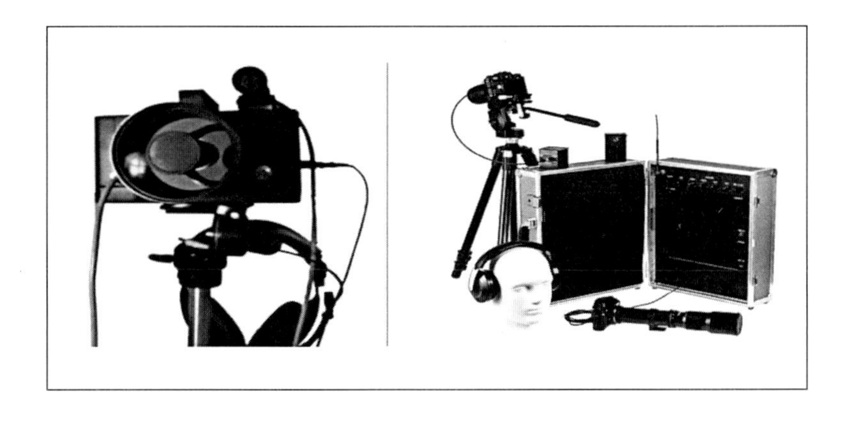

레이저 도청 장비[3] **레이저 도청 장비 Set**[4]

4-3-1 레이저 도청기 작동 방식

인간 성대의 진동은 음파 형태로 소리를 생성한다. 음파는 자유공간을 지나 물체에 부딪히며 압력의 비례에 따라 진동을 발생시

3 출처: https://counterespionage.com/laser-beam-eavesdropping/

4 출처: https://archiwum.rp.pl/artykul/1283244-Epidemia-pluskiew.html

키는데 이때 레이저빔을 대상 목표의 창문과 내부의 화병, 찻잔, 전등, 거울 등에 전송한 다음 내부의 미세한 진동 변화를 담아 되돌아오는 레이저 신호를 수신, 정밀 측정 장비로 신호처리 절차를 거쳐 원래 음성을 복원함으로서 먼 거리의 실내 대화를 도청하는 방식이다.

따라서 도청 공격자는 장애물 없이 목표 대상에 레이저빔을 투사할 수 있는 조건만 충족된다면 언제든지 안전한 장소에서 실내 음성을 무제한으로 도청할 수 있으므로 대도청 전문가라면 항시 전면 투시 가능성 등을 확인하는 자세가 요구된다.

4-3-2 레이저 도청을 위한 기술 조건

가시광선 레이저는 400㎚~700㎚(나노미터)의 파장을 가지며 근적외선 레이저는 700nm에서 약 2500nm 사이의 파장을 가진다. 가시광선 레이저는 인간의 눈으로 볼 수 있어 프레젠테이션 포인터, 바코드 스캐너, 의료용 장비, 광학 기기 등에서 사용되고 근적외선 레이저는 파장이 눈에 보이지 않아 원격제어 및 광통신 등에 사용되는데 이 같은 특성으로 은밀한 도청 공격에 활용되고 있다.

음압으로 생성되는 창문 진동은 수십 나노미터(1나노미터 마이너스9승)를 발생시키지만 레이저 도청기는 피코미터(1피코 미터 마이너스12승) 수준의 정밀한 진동을 감지함으로서 정보처리 절차를 거칠 경우 음성복원이 가능하다.

4-3-3 레이저 도청 방어대책

(1) 물리적 방어대책

레이저 도청을 방지하기 위한 물리적인 방법으로는 유리창 재질 변경(다층 복합유리창), 유리창에 백색잡음 등 무작위 진동 주입 또는 유리창 구조(프레임 재질 변경, 유리창 면적 축소를 통한 진동 발생 최소화 등) 최적화 적용 등 다음과 같은 조건이 요구된다

① **다층 유리 창문:** 유리창을 다중으로 설치, 내부의 진동과 레이저빔 양측 모두 수차에 걸쳐 굴절되도록 유도, 도청 공격을 방해

② **산란 유리:** 표면이 거친 유리나 미세 패턴 유리를 시공, 레이저빔 산란 유도

③ **흡음 재질 추가:** 유리창에 흡음 재질 추가 및 커튼 차단 등 내부 소음 전달 가능성 최소화

④ **특수 코팅:** 유리창에 은나노 코팅제를 도포, 레이저빔을 산란시키거나 레이저빔을 열로 흡수하는 코팅 소재를 적용함으로써 직접 대응

⑤ **레이저 감지 시스템 설치:** 유리창에 레이저 감지 센서 설치, 도청 공격 시 즉시 인지 대응 체제 구축

⑥ **외부 유출 진동 최소화:** 실내 유리창은 최대한 작은 크기로 제작하여 설치하고 창틀은 진동 흡수가 높은 재질을 사용

(2) 레이저 도청 방지를 위한 특수 코팅 재료[5]

① **금속 나노 입자:** 구리, 은 등의 금속 나노입자를 코팅 유리 표면에 코팅, 레이저빔의 에너지 흡수 또는 산란을 유도

② **금속 산화물:** 이산화티타늄, 산화아연, 인듐주석산화물 등을 유리창에 스프레이 코팅이나 필름 형태로 적용

③ **폴리머 베이스 코팅:** 폴리우레탄, 폴리아미드, 아크릴릭 등의 폴리머를 금속 산화물과 혼합하여 유리창에 필름 형태로 부착

※ 참조: nanoComposix

또한 IGU(Insulated Glass Unit) 유리 시공을 통해 레이저 도청에 대응할 수 있는 것으로 알려져 있는데 IGU는 유리층 사이를 진공으로 만들거나 불활성 가스를 주입한 유리로 일반 단층 유리창보다 55%, 삼중창보다 40% 진동이 작아 크기와 유리 두께가 동일한 경우 IGU 창은 일반유리에 비해 레이저 도청 방지에 차선의 선택 방안이 될 수 있다고 본다.

하지만 일부 보안 전문가들은 특수코팅 물질을 사용한 차단 대책은 레이저 도청을 지연시키는 데 도움은 되지만 완벽하지는 않다고 진단하고 있으므로 좀 더 많은 연구와 검증이 필요할 것이다.

(3) 기술적 방어대책

레이저 도청을 차단하기 위한 기술적 방어 대책으로는 대화 내

---

5 특수코팅 재료: https://www.intechopen.com/chapters/53949

용을 인식하지 못하도록 음향 장치를 통해 실내 배경소음(TV, 라디오 등)을 발생시키거나 창문 또는 창문틀에 진동자(진동발생장치)를 부착하고 백색 잡음을 송출, 내부 대화에 의해 발생 되는 진동을 백색 잡음에 의해 상쇄시켜 외부 유출되지 않도록 차단하는 방식으로 지금까지 방어 대책 중 가장 보안도가 높은 것으로 알려져 많이 사용 중이다.

최근에는 진동 패턴을 무작위로 변화(호핑기법 등)시키거나 다수의 신호를 변칙적으로 혼합 사용하며, 레이저 도청 시도가 감지 될 경우에는 진동 패턴을 자동 변경하는 능동 대응 시스템으로 진화되고 있는 추세이다.

OO 기관 레이저 도청 방어 진동자 설치

4-3-4 레이저도청 방어장비

(1) 주요 기능

① 벽, 천장, 공기덕트, 배관, 창문 등에 진동자를 설치, 백색소음 발생 도청 방지

② 적외선 및 레이저 모니터링 장비에 대응, 도청 기도 차단

③ 자체 음파에너지 생성/방출, 도청기 및 기타 청취 장치 무력화

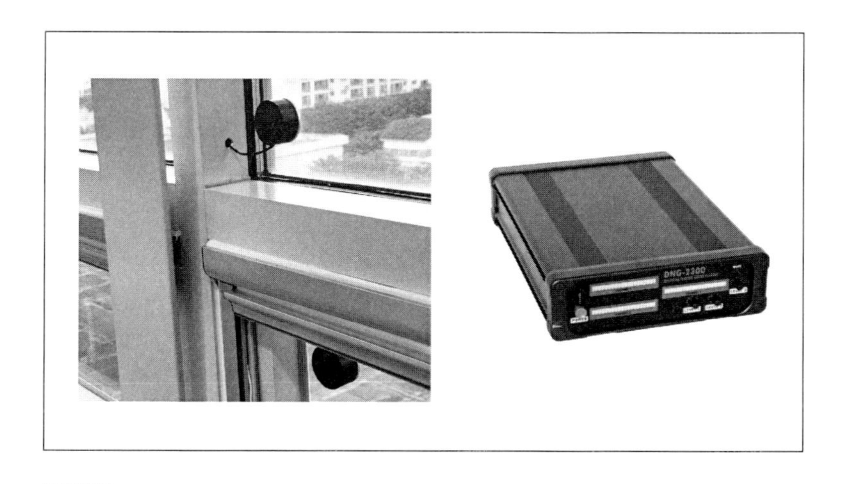

OO 기관 레이저 도청 차단 진동자 설치 레이저 도청 차단 백색잡음 및 진동 발생기[6]

6 출처: https://digiscan-labs.com/wp-content/uploads/2024/09/dng-2300-7590533.jpg

도청의 이해와 대응

제 5 장

사이버 도청

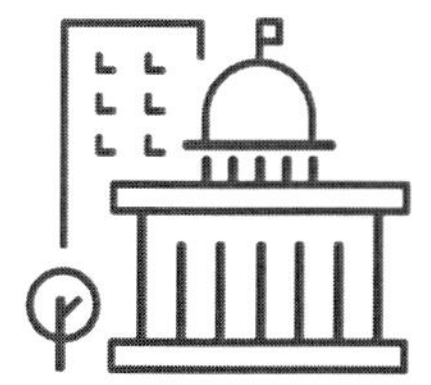

제 5 장

사이버 도청

5-1 사이버 도청의 정의

사이버 도청은 공격자가 보안 처리되지 않은 네트워크 통신망에 접속하여 컴퓨터, 서버, 모바일 기기 및 사물 인터넷(IoT) 기기를 통과하는 네트워크 트래픽을 가로채거나 삭제, 또는 변형(스니핑 또는 스누핑)시키는 행위는 물론 애플리케이션 또는 기타 연관 프로그램 등을 도용하거나 변경하고 심지어 파괴하는 의도적인 활동이라고 정의할 수 있다.

5-2 사이버 도청의 이해

기존의 도청 공격은 초소형으로 제작된 도청기를 거주지 또는 사무실 설치 전기용품 내부에 은밀하게 배치, 중요 정보를 탈취해 왔으며 지금도 유용한 방식으로 활용되고 있으나 도청기 설치를 위해서는 내부 접근 통제를 극복해야 하는 등 여러 가지 한계성을 갖고 있다.

그러나 사이버상에서의 도청 공격은 공격자를 드러내지 않고 네트워크 접속을 통해 악성코드 주입 등 다양한 접근방식으로 음성 대화는 물론 대상자의 중요 데이터 획득이 가능한 데다가 사이버 도청 피해를 당할 경우 데이터 복구를 위해 수백만 달러의 비용이 지출되어야 하는 등 비용 대비 효율성이 높아 공격자들의 선호도가 높다.

특히 휴대폰은 충분한 전원과 마이크, 스피커가 내장되어 있어 공격자는 언제 어디서든 대화 내용을 특정 파일로 저장한 다음 사전에 지정해 놓은 서버 등으로 전송 받을 수 있어 더욱더 그러하다.

또한 컴퓨터 전화 시스템은 직접 접근하지 않아도 전자적으로 통화 내용 가로채기가 가능하며 공격자는 핸드셋이 활성화되지 않은 경우에도 대상 목표의 모든 대화를 네트워크를 통해 외부로 전송받을 수 있다.

노트북이나 데스크톱 컴퓨터도 도청 공격자가 음성 대화, 온라인 채팅 내용을 가로챌 수 있으며 키보드 버그 등을 목표 대상자 사용 기기에 주입할 경우 온라인상의 모든 활동과 입력 텍스트를 기록할 수 있는 정교한 도청 도구로 전용될 수 있다.

2020년에는 러시아 정부의 비호를 받는 러시아 해킹그룹이 미국의 소프트 공급업체 '솔라 윈즈 오리온'(Solar Winds Orion)을 해킹한 다음 이들의 주요 고객이었던 미 재무부, 국무부, 법무부 등 정부기관에 프로그램 업데이트를 가장한 맬웨어를 배포하고 중요 정보를 가로채 간 사건이 발생한 바 있다.

2018년 구독자 17만여 명을 보유하고 있는 미국 유튜버

(Mitchollow)가 아주 흥미로운 실험을 실시했는데[1]

- 이 실험은 컴퓨터 구글 검색창에서 일반적인 웹서핑을 하다가 모든 검색창을 화면 하단에 내려놓고 마치 친구와 대화하는 것처럼 "나의 강아지는 최고의 장난감을 가질 자격이 충분하기 때문에 세상에서 가장 좋은 장난감을 사 주려고 하는데, 근처에 플라스틱으로 만든 장난감 가게가 있으면 방문해서 구매하려고 한다"는 식으로 2~3분간의 독백을 마친 다음
- 방금 전 컴퓨터 화면 하단에 내려놓았던 창들을 순차적으로 열어 가며 일상적인 웹서핑을 재개하자 조금 전까지 없었던 강아지 장난감 및 개 먹이 판매 광고가 화면 우측 상단에 지속적으로 제시되는 상황을 실시간으로 공개한 바 있다.

이는 노트북이나 컴퓨터 내장 마이크가 언제든지 도청에 악용될 수 있다는 사례를 보여준 것으로 친구 또는 주변인들로부터 휴대폰이나 노트북 화면에 평소 흥미를 갖고 있는 품목이나 필요로 하는 물품 광고가 마치 의도적인 것 같이 자주 표출되고 있다는 얘기를 들어본 경우가 있을 것이다.

이것은 도청 공격자가 조금만 응용한다면 우리가 사용하는 각종 모바일 기기를 언제든지 도청기로 작동시킬 수 있다는 사실을 보여주는 증거라고 할 수 있다.

---

1 https://www.youtube.com/watch?v=zBnDWSvaQ1I

따라서 도청 공격을 최대한 회피하기 위해서는 각종 애플리케이션 설치 시 요구하는 녹음 권한 허용 여부 등 개인정보 접근권한 내용을 충분하게 검토한 다음 최소 수용하는 지혜가 필요하다.

5-3 사이버 도청의 대응

사이버 도청에 대응하기 위해서는 일단 네트워크 접속 단계부터 외부인의 접속을 통제하여야 한다. 현재 가장 효과적인 방법은 특수문자, 숫자, 등을 조합한 강력한 비밀번호를 설정하고 이를 주기적으로 변경함과 아울러 각각의 계정마다 다른 비밀번호를 사용하는 것이다.

기본적으로 운영체제 및 애플리케이션 업데이트 자동 설정, 제조사 제공 보안패치 설치 등 최신의 보안 상태를 유지하는 한편 공용 Wi-Fi 사용은 최소화하고 가급적 VPN 서버를 이용하여 인터넷망에 접속하는 것을 원칙으로 한다.

또한 의심스러운 메일이나 링크는 즉시 삭제하고 최신 백신 프로그램의 정기적인 업데이트를 통해 악성코드 감염을 차단한다면 치밀한 사이버 도청 시도에 효과적으로 대응할 수 있을 것이다.

6-1 휴대폰 동작의 이해

6-2 휴대폰 등 모바일 기기 도청 가능성

제 6 장

휴대폰 등 모바일 기기 도청과 방어

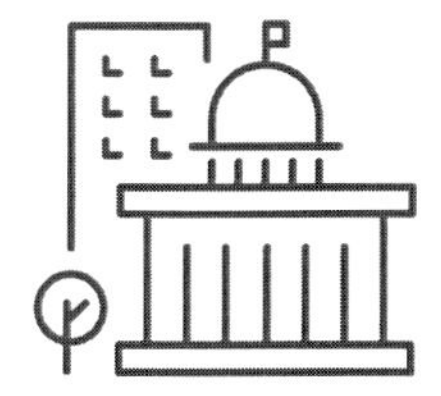

제 6 장

휴대폰 등 모바일 기기 도청과 방어

많은 사용자들이 현대사회의 생존필수품인 휴대폰 및 모바일 기기 사용 과정에서 개인 정보 유출 등 각종 문제점이 이슈화 되는 등 정보 유출로 인한 피해가 현실화되자 프라이버시 침해 가능성에 대해 심각하게 우려하고 있는 상황이다.

하지만 모든 모바일 기기 제조사들은 판매 증진과 생활 도구로써의 편리성을 강화키 위해 오히려 다양한 센서들을 대거 장착하고 이를 통해 사용자가 다양한 활동을 예측하고 활용할 수 있도록 지속적으로 업그레이드된 제품을 출시하고 있다.

이는 악의적인 공격자가 모바일 기기의 다양한 센서에 접근, 기기의 현재 위치, 방향(가로-세로, 남-북 등), 외부온도, 주변 소음, 영상인식, 충격 인지기능 등 모바일 기기 사용 시 발생할 수 있는 모든 상황들을 데이터로 가로채감으로써 개개인의 모든 정보와 행동을 감시할 수 있게 된다는 의미이다.

현대사회의 휴대폰 사용[1]

6-1 휴대폰 동작의 이해

휴대폰 동작은 휴대폰이 주변에서 가장 강력한 신호를 제공하는 기지국을 탐색한 다음, 접속 기지국에 휴대폰 고유의 신원정보(IMSI 또는 TMSI)[2]를 전송하여 기지국에 자신이 연결되어 있음을 인식시킴으로써 시작된다.

기지국은 이를 통해 휴대폰의 신원을 확인하고, 네트워크에 휴대폰의 위치를 등록하는데 이때 암호 키를 교환하여 보안을 강화하고 휴대폰과 기지국간 통신망을 연결한다. 만일 휴대폰 사용자가 이동 중이라면 통신망은 handoff 절차를 통해 인접 기지국으

---

1 출처: https://www.pexels.com/ko-kr

2 IMSI(International Mobile Subscriber Identity), TMSI(Temporary Mobile Subscriber Identity)

로 전환시켜 가며 지속적으로 연결되도록 유지시켜 줌으로써 끊기지 않는 통신 서비스를 이용할 수 있게 지원한다.

핸드오프는 휴대폰이 이동할 경우 서로 다른 기지국간 통신 연결 절차를 말하는데 Hard Handoff/Soft Handoff로 구분된다.

① Hard Handoff

- 휴대폰이 현재 연결중인 기지국과의 연결을 완전히 끊고 새로운 기지국으로 연결을 전환하는 과정으로 주로 다른 주파수 대역의 네트워크 사이에서 발생한다.
- 핸드오프 수행과정 시 잠시 동안 통신이 끊기는 '핸드오프 지연' 현상이 생기기도 하는데 보통 CDMA보다 GSM과 같은 네트워크에서 더 일반적으로 나타나는 것으로 알려져 있다.

② Soft Handoff

- 휴대폰이 현재의 기지국과 새로운 기지국에 동시에 연결되는 과정으로 이 방식은 주로 같은 주파수 대역을 사용하는 CDMA 네트워크에서 사용된다.
- 휴대폰은 두 기지국에서 오는 신호를 비교해서 더 양호한 신호를 선택하여 통신의 품질과 연결 연속성을 강화시키는 방식이다.

6-2 휴대폰 등 모바일 기기 도청 가능성

일반적으로 모바일 기기는 사적인 대화는 물론 주변 모든 소리를 녹음할 수 있는 기능을 갖고 있으며 외부 해킹을 당할 경우 녹음 파일은 물론, 저장된 모든 정보를 탈취 당할 수밖에 없는 근본적인 취약성을 내재하고 있다.

외부에서 모바일 기기 마이크에 접근하기 위해서는 사전에 마이크 접근 권한이 허용되어 있어야 하는데 조사대상자의 80% 가까이 애플리케이션 설치 시 요구하는 마이크 접근권한을 맹목적으로 허용하고 나머지 20%만 주의를 기울이고 있다고 응답한 것으로 알려져 있다.

모바일 기기 사용자는 일단 마이크 접근권한이 허용되면 실행 중은 물론 대기 모드 상황에서도 언제든지 녹음 기능이 활성화될 수 있다는 위험성을 충분히 인식하고 대처하여야 할 것이다.

스마트폰이 악의적인 세력에 의해 중요 인사 또는 사인 간의 정보를 탈취하는 도청 도구로 사용될 수 있다는 관점에서 몇몇 주요 사례를 알아보자.

① 2018년 미국 하원 에너지 및 상무 위원회는 Google과 Apple에 공개 질의를 통해 iOS 및 Android 기기가 개인 대화를 기록하는 방식에 대해 공개질의 하는 등 이 문제를 조사한 바 있다(워싱톤포스트 보도).

② NSA와 영국 GCHQ[3](Government Communications Head Quaters)는 휴대폰 등 모바일 기기 내부 마이크를 활성화시켜 주변 음향은 물론 대상자 음성을 도청해 왔던 것으로 알려지고 있다.

---

3 GCHQ: 영국 통신, 영상 등 신호정보 분석기관으로 1919년에 설립, 1946년 정보통신본부로 개칭

노트북과 모바일 기기[4]

파나마에 본사를 둔 다국적의 국제사이버보안회사(NordVPN)에서 주요국 스마트폰 사용자(1만여 명)를 대상으로 스마트폰 사용 실태를 조사한 결과, 이 중 36%가 주변인들과 특정 제품이나 서비스를 언급하고 난 후 자신의 스마트폰에 관련 제품에 대한 팝업이 나타났다고 응답했으며 그중 광고를 열어본 42%는 스마트폰이 지속적으로 지켜보는 듯했다는 조사 결과를 발표한 바 있다.

휴대폰 등 모바일 기기에 설치되어 있는 모션 센서(가속도계 및 자이로스코프)는 외부 소리와 미세한 진동을 감지할 만큼 민감하여 이를 통해 음성신호를 복원할 수 있는 것으로 알려지고 있다.

이스라엘 방위산업체(Rafael)와 美 스탠포드대학 연구원들이 자이로스코프 센서만으로 대화 내용을 복원할 수 있는 신호를 포착

4 출처: https://www.pexels.com/ko-kr

했으며 가속도 센서를 활용하여 실시간으로 대화를 추론할 수 있다는 사실을 공개한 바 있다.

또한 이미 모션 센서를 통한 음향신호 포착 방법 특허가 출원되었다는 사실을 감안한다면 휴대폰 등 모바일 기기를 통한 도청 가능성은 상시 존재한다고 봐야 할 것이다.

휴대폰 등 모바일 기기에 장착되어 있는 모션 센서를 이용하여 음성을 인식하는 애플리케이션은 고밀도의 데이터가 필요하지 않기 때문에 제조사들이 배터리 소모량을 최소화하기 위해 안드로이드 폰은 최대 200Hz, 아이폰은 최대 100Hz 이내의 범위에서 작동하도록 제한하고 있다.

그러나 남/여 음성 대역(85~155Hz/165~255Hz)을 초과하는 음성신호 대역에 대해서는 아주 미약한 원본 신호를 재생할 수 있는 압축 센싱기술(Compressed Sensing)을 적용하고 여러 경로로 수집한 다중신호를 분리 처리할 수 있는 Blind Source Separation 기술 등 최신 분석 프로그램으로 종합적인 데이터 처리 과정을 거친다면 음성정보 추출이 가능한 것으로 알려지고 있다.

모바일 기기와 각종 애플리케이션 사용[5]

현재 출시되는 휴대폰 운영체제에서는 카메라, 마이크, GPS 등과 같은 하드웨어 구성요소는 자체적으로 보호되지만 일부 애플리케이션은 사용자에게 사전 통지나 동의 없이 내부 가속도계와 자이로스코프 센서에 접근할 수 있다.

심지어 일부 웹사이트는 인터넷으로 접속만으로도 내부 자이로스코프 등 모션 센서에 접근 가능하다고 알려져 있듯이 가속도계와 자이로스코프를 이용한 도청 공격은 사용자가 전혀 인지할 수 없는 상태에서 활성화시킬 수 있으므로 도청 방어 차원에서는 더욱 큰 문제가 될 수 있다고 봐야 할 것이다.

애플과 안드로이드 측은 이러한 문제점을 인식하고, 앱 마켓 판매를 위해 게시되는 신규 애플리케이션에 대해 사전에 잠재적인

5 출처: chatbot-GPT 4.0 생성

보안 위협 가능성을 검사하고 정상 작동 여부를 수시로 점검하고 있다고 주장하고 있으나 이미 언론에 공개된 바 있듯이 구글과 애플이 제공하는 보안 검사는 취약한 것으로 알려져 있다.

또한 많은 보안 전문가들도 기존의 휴대폰 등 모바일 기기의 악성 앱 감지 도구가 효율적이지 않으며 다수의 사용자에게 알려진 일부 앱플리케이션은 악성 앱보다 더 많은 개인정보를 유출시킬 수 있다고 경고하고 있다.

NSA 내부 폭로자 '에드워드 스노든'은 영국 BBC방송에 출연, 영국 통신정보기관(GCHQ)에서 암호화된 문자 메시지를 통해 스마트폰을 해킹할 수 있는 프로그램(Smurf Suite)을 운영하고 있으며 휴대전화 소유자는 同 메시지 수신 사실을 전혀 눈치챌 수 없어 거의 완벽한 해킹 도구로 사용된다고 폭로한 바 있다. 이는 정보기관 또는 특정 조직의 목표 대상자로 지정되는 순간, 본인도 모르게 무제한적으로 도청 공격을 받을 수 있다는 의미이다.

□ 대도청 전문가 입장에서 모바일 기기 안전성 문제

현재로서는 휴대폰 등 모바일 기기 제조사들이 자체의 데이터 수집 및 처리방식이나 정보의 안전성을 담보할 만한 충분한 자료를 공개한 바 없다는 점이다.

애플은 운영체제인 iOS 소스 코드를 공개하지 않고 있으며 안드로이드 시스템도 오픈 소스를 기반으로 하지만 투명성이 부족하고 구글 독점 앱의 시스템 구성요소도 폐쇄 소스로 구성되어 도청 프로그램 전환되어 사용될 수 있다는 가능성을 완전 배제할 수 없다고 판단된다.

휴대폰 내부[6]

□ 모바일 기기 도청기 전환 가능성 차단을 위한 기본조치 사항

① 애플리케이션 권한 변경 및 제한에 각별한 관심을 갖고 대응해야 한다. 예를 들어 사진 편집 앱에서 마이크 액세스 권한을 요구하는 등 원래 사용 앱의 기능과 무관한 권한을 요구한다면 즉시 차단하는 현명한 선택이 요구된다.

② 구글이나 크롬의 시크릿 모드보다는 Duck DuckGo 등과 같은 개인 브라우저를 사용하는 것도 방어 대책 중 하나라고 할 수 있다.

③ VPN은 인터넷 활동의 모든 정보를 암호화하는 도구로써 IP 주소 마스킹 기능은 해커의 IP기반 추적을 차단, 도청 기도를 최대한 방어할 수 있다.

6 출처: https://www.lisnumerique.com/2021/03/17/pourquoi-confier-son-telephone-gate-a-un-reparateur-professionnel%E2%80%89/

④ 스마트폰 내부 갤러리 저장 사진 및 동영상을 주기적으로 검토, 사용자가 촬영하지 않은 이상 사진이나 동영상 존재 여부를 주시, 카메라 해킹 가능성을 수시로 확인한다.

도청의 이해와 대응

제 7 장

RFID 도청(RFID Eavesdropping)

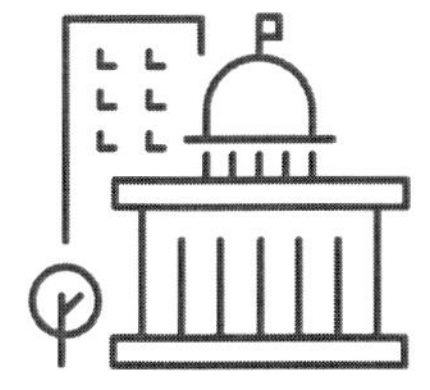

제 7 장

RFID 도청(RFID Eavesdropping)

RFID(Radio Frequency Identification) 도청은 태그 IC칩 저장 정보를 판독하여 개인 및 사물에 대한 정보를 탈취하는 도청 방식을 말한다.

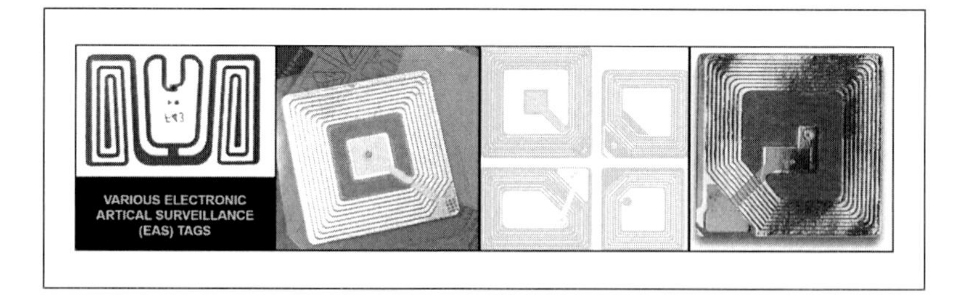

다양한 구조의 RFID[1]

7-1 RFID 이해

RFID는 마이크로칩과 무선 주파수를 이용하여 다양한 물체의

1 출처: https://counterespionage.com/is-this-a-bugging-device/

식별정보를 관리하는 인식 기술로, 통상 전자태그 또는 스마트 태그, 전자 라벨로 불리며 서버(Host Computer)와 태그/리더기로 구성된다.

리더기에서 전자태그로 전파를 송출하면 전파를 수신한 태그는 수신 전파로부터 전원을 생성하여 원래 태그에 기록되어 있는 ID와 기타 정보를 다시 리더기로 송출, 리더에서 태그의 신원을 확인하는 절차를 거쳐 통신망이 성립된다.

7-2 RFID 구성요소

RFID 태그(Tag)는 데이터를 저장하는 마이크로칩과 신호를 주고받을 수 있는 안테나로 구성되며 태그는 자체 전원을 가지고 있는 능동태그(비교적 먼 거리 송수신 가능)와 리더기에서 보낸 신호를 유도 전원으로 사용하는 수동태그(송수신거리 짧음)로 구분된다.

① **능동태그:** 내장된 배터리를 사용하여 신호를 전송, 먼 거리 정보전송이 가능하며 高價 자산 추적에 활용하고 톨게이트나 주차관리시스템, 자동 요금 징수 등에 사용한다.

② **수동태그:** 리더기에서 송신하는 주파수를 전원으로 사용하기 때문에 저렴한 가격으로 소형화가 가능, 소매 상품 관리, 팔찌나 티켓을 활용한 출입 관리 등에 많이 활용된다.

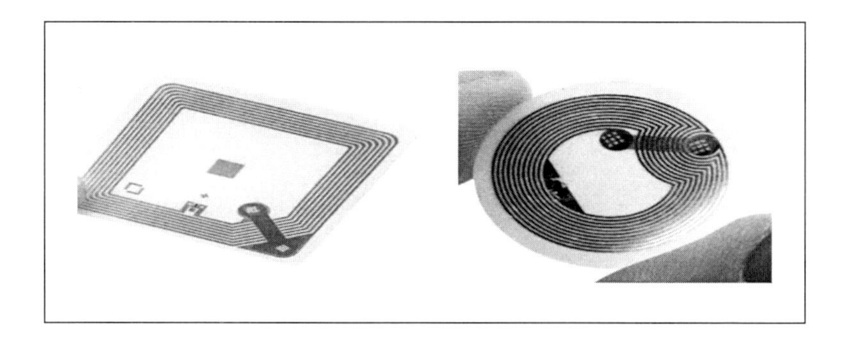

다양한 RFID[2]

③ **리더기**(Reader): RFID 태그 안테나에 무선 신호를 보내고, 태그로부터 되돌아오는 정보를 수신하며, 리더기는 태그의 데이터를 읽고, 때로는 쓰기도 한다.

④ **안테나**: 태그와 리더기 양쪽에 있는 안테나는 무선 신호를 송수신하는 역할을 하며 태그의 안테나는 리더기로부터 에너지를 수신하고, 이 에너지를 전원으로 활용하여 태그 內 마이크로칩에 저장된 정보를 리더기로 전송하는 역할을 담당한다.

7-3 RFID 동작

① 리더기는 태그에 무선 신호를 송신하여 태그를 활성화시킨다.

② 태그 안테나는 무선신호 수신시 저장 중인 정보(고유식별 번호 등)를 리더기로 전송한다.

---

2 출처: https://counterespionage.com/is-this-a-bugging-device/

③ 리더기는 태그에서 보낸 정보를 통해 신원을 식별하고 필요시 데이터 베이스 저장 방식으로 동작된다.

RFID 상호인증 절차[3]

RFID 시스템에서 태그와 리더기 간 안전한 통신을 보장하기 위한 상호 인증 프로토콜은 매우 중요하다. 이 프로토콜은 두 장치가 상호 확인 절차를 거침으로서 허가받지 않은 장치에 의한 데이터 접근이나 가로채기 시도를 차단하는 역할을 한다.

① **키 배포:** 상호 인증을 위해 사전에 약속된 비밀키를 양 단말

3 출처: https://news.samsungsemiconductor.com/kr/세상을-바꾸는-무선통신기술-제-2탄-무선주파수기술/

기에 공유토록 조치되어 있어야 한다.

② **인증요청 단계:** 전원을 갖고 있는 리더기가 태그에 인증을 요청하면 태그는 자신에게 부여된 식별정보를 리더기에 보내고 리더기는 태그에서 보내온 식별정보를 데이터베이스 등록 정보와 일치 여부를 확인한 다음 일치하면 리더기는 무작위 난수를 생성해서 다시 태그로 전송하는데 만약 등록 정보와 일치하지 않으면 추가적인 인증 절차는 중단된다.

③ **응답 및 검증:** 태그는 난수를 기반으로 응답을 생성하여 송신하게 되는데 여기에는 태그의 인증 정보와 태그가 갖고 있던 비밀키와 난수를 조합하여 다시 리더기로 보낸다.

④ **Session Key 교환:** 리더기는 태그로부터 받은 응답이 리더기에 저장되어 있는 정보와 일치 여부를 확인한 다음 안전한 통신을 위한 Session key[4]를 교환함으로서 태그와 리더기 간 최종 정보 소통이 성사된다.

7-4 RFID 사용 주파수 대역

① LF **대역**(30~500KHz): 125KHz가 가장 많이 사용되며 50㎝ 이내 근거리 통신에 사용

- 125KHz: 출입통제, 방문증, 자동차 리모콘 등
- 135KHz: 동물 인식표

---

4 Session key는 리더기와 태그간의 통신이 이뤄지는 동안만 유효하게 사용할 수 있는 임시키로서 해당 세션이 종료되면 자동 폐기

② **HF 대역**(13.56MHz): 인식범위 10㎝ 이하, 무전원 전자 유도 방식으로 다중태그 동시 인식 가능(초당 20여 개)

- 교통카드, IC카드, 스마트카드 등에 많이 활용
- 양방향 쓰기/읽기 가능

③ **UHF 대역**(433 MHz, 860~960 MHz, 2.4~2.5 GHz): LF, HF방식보다 인식 거리가 길다.

- 433MHz: 인식거리 100m, 자동차 리모콘, 컨테이너 관리
- 900MHz: 인식거리 10m, 상품 유통 및 물류관리
- 2.4GHz: 인식거리 1m, 자동 톨게이트 여권/ID 관리사용

④ **국내 RFID 주파수 분배 현황**

- 135KHz 이하: 용도 제한 없이 사용 가능
- 13.552~13.568MHz: 10m이하 근접 카드 인식용
- 433.67~434.17MHz: 컨테이너 집하 관리, 부두 창고 관리용
- 917~923.5MHz: 물류관리, 통행료 징수

7-5 RFID 도청 위험성

독일 보훔 루르대학교[5] 임베디드 보안연구소는 433MHz 대역 액티브 RFID는 태그와 리더기가 120m 범위까지 떨어져 있어도 정보전송이 가능하다고 발표한 바 있는데 이는 전자 여권 같은 비접촉 스마트카드 기반의 신분증이 해킹당한다면 개인 정보가 심각하게 침해당할 수 있음을 의미한다.

---

5 https://www.ruhr-uni-bochum.de/index_en.htm

RFID 리더기와 태그 간의 양방향 통신을 패시브 모니터링할 경우 몇 미터 거리에서도 수신가능하며 실험상으로 최대 50m까지 도청이 가능한 것으로 알려져 있다.

만약 도청 공격자가 태그에 불법으로 접근, 리더기를 통해 태그에 저장되어 있는 데이터를 무단으로 빼가거나 태그와 리더기의 정보전송 주파수 대역의 데이터 패킷을 가로채 간다면 알고리즘 분석 등 정보처리 절차를 거쳐 은행 계정/비밀번호, 물품 정보 등 중요 정보에 대한 도청도 가능하다.

□ 미 정보당국, RFID를 통한 정보 유출 우려

2021년 美 국방정보국은 중국이 중국산 항만 시설과 장비를 악용하여 미국의 군사 장비 하역 정보를 수집할 가능성이 있다고 진단한 바 있으며 이러한 보안취약성을 우려하고 '카를로스 히메네스' 공화당 하원의원은 중국산 항만 크레인 구매를 금지하고 다른 업체 크레인 도입을 장려하는 법안을 발의하기도 했다.

2023. 3. 월스트리트저널(WSJ)은 美 국방부와 안보당국은 미국 주요 항만에 설치된 중국 상하이전화중공업(ZPMC)의 화물 선적용 크레인에 화물의 출발지와 목적지를 등록하고 추적할 수 있는 첨단 센서(RFID)가 장착돼 있어 미군 작전을 지원하기 위해 선적되는 군수물자에 관한 정보가 중국에 유출될 수 있다는 의심을 하고 있다고 보도하였다.

7-6 RFID 도청 방어대책

(1) 암호화 조치

태그와 리더기간의 통신을 암호화하여 패킷 정보의 무단 접근이나 변경을 차단할 수 있다. 암호화된 데이터는 사전에 배정된 암호키 없이는 데이터를 해독하지 못하므로 정보의 안전성을 보장할 수 있다.

(2) 상호 인증절차 도입

태그와 리더기 간의 상호 인증 절차를 도입하고 인증받은 리더기만 태그에 접속할 수 있도록 시스템을 구성하여 외부 접속에 의한 패킷 가로채기 시도를 원천 차단한다.

(3) 주파수 호핑기법 도입

태그와 리더기 간 주고받는 주파수가 수시 변동되는 호핑 기법을 적용하여 무단 도청 및 데이터 접근 시도를 최소화시킨다.

(4) 물리적 보호 조치

민감정보가 기록된 RFID 태그는 보안이 강화된 장소에 보관하고 승인되지 않은 외부인 접근을 물리적으로 차단, 정보누출 가능성을 최소화한다.

도청의 이해와 대응

제 8 장

Wi-Fi 공용 네트워크 도청

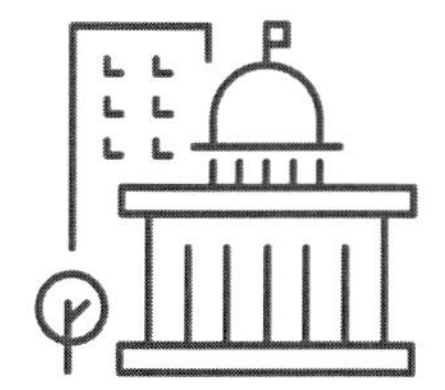

제 8 장

Wi-Fi 공용 네트워크 도청

Wi-Fi 공용 네트워크 도청은 암호화되지 않은 공용 Wi-Fi 네트워크에 무단 접근, 네트워크상에서 주고받는 개인 파일, 금융정보, 비밀번호 등 기타 중요한 데이터를 탈취해 가는 방식을 말한다.

8-1 Wi-Fi 취약성

와이파이(Wireless Fidelity)는 무선통신을 이용하여 데이터를 송수신하는 근거리 무선통신망으로 무선 라우터를 통해 인터넷을 사용할 수 있도록 지원하는데 스마트폰, 태블릿, 노트북, 스마트TV 등 다양한 기기 연결에 사용된다.

와이파이 도청은 무선 네트워크(컴퓨터, 서버, 모바일 기기 등) 통신망으로부터 데이터 패킷을 가로채 필요한 정보를 빼가는 것을 말하는데 여기서 데이터 패킷이란 목표 대상자가 인터넷을 통해 주고받는 모든 정보의 조각을 말한다.

공격자는 데이터 패킷이 암호화되었다고 하더라도 스니핑 공격[1]과 '패킷스니퍼[2]' 등을 통해 모든 패킷을 가로챈 다음, 원상태로 복원 재생이 가능하다.

8-2 Wi-Fi 도청 공격 과정

① 도청 공격의 첫 번째는 도청 목표로 지정된 대상자의 주변 정보 일체를 수집함으로써 시작되는데 주변 정보는 취미, 평소 자주 접속하는 사이트 주소, 대상자가 주로 사용하는 공용 네트워크망 등으로 통신 시스템 및 취약성도 포함된다.

② 두 번째 단계로 대상자가 주로 사용하는 공용 Wi-Fi 네트워크에 접속하여 대상자가 송수신하는 패킷을 가로채거나, 평소 접속하는 사이트와 유사한 가상의 사이트를 개설, 同 사이트에 접속하도록 유도한다.

③ 세 번째 단계는 트로이목마 등 맬 웨어를 주입, 대상자의 하드웨어 접근 권한을 탈취한 다음 네트워크를 통해 주고받는 모든 데이터(신용카드 정보, 개인 메일 등)에 접근하거나 악성코드를 삽입, 음성 정보까지 가로챔으로써 도청 공격이 성공적으로 이뤄지게 된다.

※ 2011년 하마스 고위급 지도자가 두바이 호텔에 투숙했다가 살해당한 사건이 발생했는데 당시 범인들이 호텔방에 침입하기 위해 호텔 Wi-Fi

---

1 스니핑 공격: 네트워크상에서 자신이 아닌 다른 상대방들의 패킷 교환을 엿듣는 것으로 네트워크를 통과하는 모든 데이터 패밋을 모니터링하고 캐처하는 프로세스

2 패킷 스니퍼: 컴퓨터 네트워크에 연결하거나 컴퓨터에 설치하여 네트워크에서 지나가는 패킷을 탐지하고 분석하는 하드웨어 장치 또는 소프트웨어

시스템에 접속, 전자키 시스템을 재프로그래밍하여 객실 도어 전자키를 무력화시킨 다음 범행을 저지른 것으로 밝혀진 바 있다

2.4 GHz Wi-Fi 모듈[3]

8-3 Malware란 무엇인가

맬웨어는 단순한 컴퓨터 웜, 트로이 목마에서부터 가장 복잡한 형태의 컴퓨터 바이러스 등을 총칭하는 악성 소프트웨어로써 사용자의 이익을 침해하는 모든 소프트웨어를 포함한다. 따라서 맬 웨어에 감염된 컴퓨터와 통신기기는 다른 기기까지 영향을 줄 수 있다.

대표적인 맬웨어는 다음과 같다.

3 출처: https://playhometechnology.com/smart-home-wiring-dont-forget-these-7-things-when-building-a-new-home/

① 사용자에게 실행 가능한 안전한 파일로 인식하게 만들고 컴퓨터를 보호하는 프로그램 같이 보이도록 조작하여 악성 프로그램 설치를 유도하는 트로이 목마
② 엑세스 권한 탈취를 통해 중요정보에 접근할 수 있도록 하는 피싱
③ 원치 않은 광고가 지속적으로 표시되도록 조정하는 페이로드
④ 개인 정보기기를 제어할 수 없게 불능 상태로 만드는 봇넷
⑤ 대가 지불을 요구하는 랜섬웨어 등이 대표적

또한 스니핑 공격이 사용되기도 하는데 스니핑(Sniffing)이란 '코를 킁킁거리다', '냄새를 맡다'라는 뜻으로 패킷 스니퍼는 네트워크를 통과하는 데이터 패킷을 읽는 애플리케이션이다.

도청 공격자는 이러한 도구를 사용, 암호화되지 않은 네트워크 상에서 이동하는 패킷들을 가로챌 수 있으며 이를 취합하여 순서대로 재조합 할 경우 원본 데이터를 확보할 수 있다.

원래 일반적인 네트워크 인터페이스 동작은 패킷 해더[4]의 MAC 주소가 자신과 일치할 경우만 수신하게 되어 있으나 스니퍼를 작동시키면 모든 패킷을 수신할 수 있는데 이를 무차별모드(Promiscuyuous mode)라고 하며 이는 보안 관리자들이 네트워크 분석 및 모니터링, 네트워크 보안 검사 등을 위해 유용하게 사용하는 모드이다.

---

4 패킷 해더: 패킷 내용과 출발지 주소, 목적지 주소가 들어 있는 패킷으로 인터넷을 이용하는 모든 패킷마다 헤더를 가지고 있어 인터넷 소통을 원활하게 한다.

하지만 도청 공격자들은 이같은 스니핑 도구를 악용, 네트워크 암호, 계정 정보 등 민감 정보가 포함된 데이터 패킷을 탈취할 수 있으며 악성 코드를 삽입함으로써 음성정보까지도 가로챌 수 있다.

8-4 Wi-Fi 공용 네트워크 도청 대응

공용 Wi-Fi는 해커가 목표 대상자의 중요 정보를 가로채기 위해 주로 사용하지만 공용 Wi-Fi 네트워크에 접속하는 많은 사용자들은 잠재적 위험을 인지하지 못하고 있다. 만약 공용 Wi-Fi를 사용해야 한다면 트래픽을 암호화하고 VPN 서비스 사용을 권장한다.

도청 공격 차단을 위해서는 암호화된 메시지 사용 등 개인 정보 보호 방안을 강화하고 웹사이트 이용 시에는 HTTPS[5] 또는 HTTP로 시작하는지, URL 주소 옆에 자물쇠 표시가 있는지 확인하는 한편 네트워크의 보안 실태를 정기적으로 체크하는 조치가 필요하다.

만일 네트워크의 데이터 침해에 적극 대응하지 않는다면 개인의 신용과 매출 손실 등 재정적인 피해는 물론 고객의 데이터가 유출되거나 변조될 경우 법적 피해까지 책임져야 할 수 있으므로 도청 방어 대책 마련은 매우 중요하다.

---

5 HTTPS: 하이퍼텍스트 전송 프로토콜 보안(HTTPS)은 웹 브라우저와 웹 사이트 간에 데이터를 전송하는 데 사용되는 기본 프로토콜인 HTTP의 보안 버전이며, Google Chrome 및 기타 브라우저에서는 HTTPS가 아닌 모든 웹 사이트(ex, HTTP)는 안전하지 않은 것으로 표시한다.

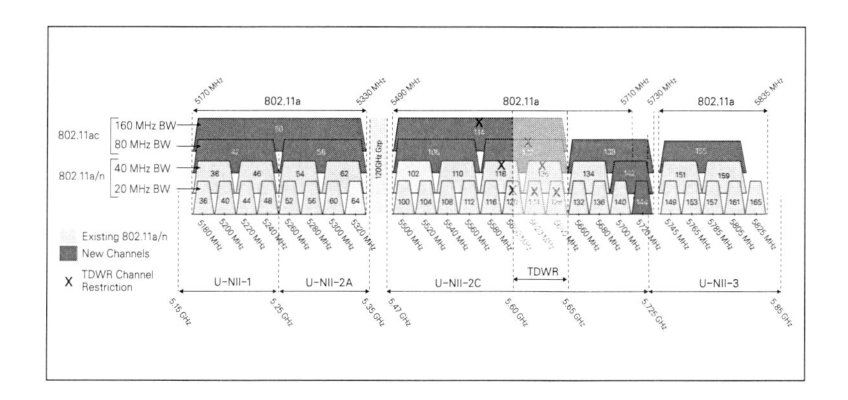

5GHz대역 Wi-Fi 채널 배치도[6]

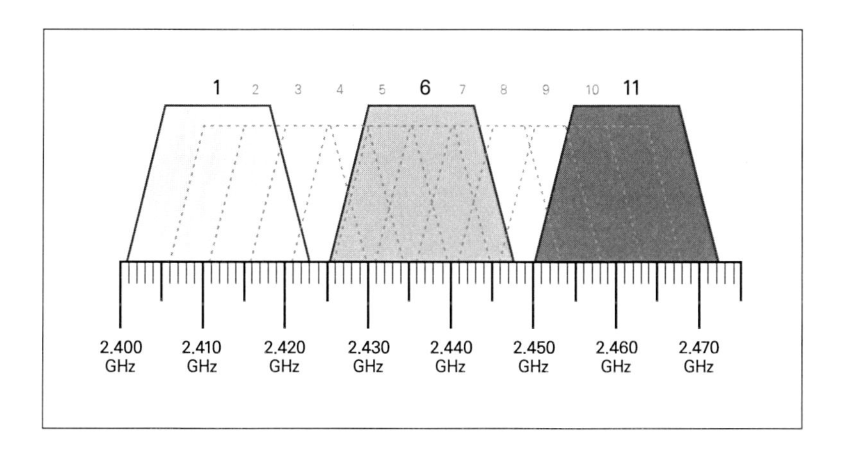

2.4GHz대역 Wi-Fi 채널 배치도[7]

6 출처: https://tellmereview.tistory.com/39

7 출처: https://www.metageek.com/training/resources/why-channels-1-6-11/

8-5 Wi-Fi 공용 네트워크 도청 탐색 방법

(1) 현재 사용 중인 Wi-Fi 네트워크 주파수 대역 스펙트럼을 분석하여 비정상적인 주파수 신호 발생 여부를 정밀 탐색하는 한편 네트워크 內 의심스러운 비인가 엑세스 포인트가 생성되지 않았는지 확인한다.

(2) Wi-Fi 2.4GHz 대역은 2412MHz에서 2483.5MHz, 5GHz 대역은 5.15GHz에서 5.825GHz 대역이 주로 사용되는데 동일 대역에서 승인되지 않은 활성화 신호가 탐지될 경우 이 상기기 접속 여부를 정밀 탐색해야 한다.

(3) 정상 와이파이 신호는 일정한 신호강도와 특정 주기 패턴을 보인다. 그러나 동일 대역 내에서 전계 강도 형태가 단일파형이거나 비정상적으로 오랫동안 나타나는 신호는 도청 신호일 확률이 높으므로 정밀 탐색과 육안 확인이 필요하다.

(4) 미등록된 SSID 또는 접속 포인트(AP) 존재 여부를 확인하라. Service Set Identifier(SSID)란 현재 사용중인 장치를 말하는데 네트워크 관리자가 설정하지 않은 SSID와 AP가 발견된다면 공격자가 설치했을 가능성이 높으므로 반드시 물리적 탐색을 실시해야 한다.

(5) 5GHz 대역 중 사용을 제한해 놓은 DFS 채널[8](52~144번 채

---

8 DFS(Dynamic Frequency Selection, 동적주파수 선택)는 군용 레이더, 위성통신, 기상 레이더 등에 예약되어 있는 5GHz 대역 Wi-Fi 주파수로서 DFS 대역을 사용하기 위해서는 법적으로 레이더와 5GHz 주파수의 전자기 간섭을 방지하기 위한 채널 가용성 확인 프로세스가 요구된다.

널)중에서 송신중인 채널이나 주파수가 측정된다면 의도적으로 설정된 장치일 가능성이 높다.

8-6 Wi-Fi 대역 은닉 도청 신호 탐색

최근 Wi-Fi 사용이 급증하자 도청 공격자들이 기존의 와이파이 대역에 도청신호를 은닉할 경우 도청 주파수 탐지가 쉽지 않다는 점을 악용, 同 대역을 사용하는 도청 장치가 확산되고 있으므로 탐지자 입장에서는 와이파이 대역을 사용하는 도청주파수 탐색은 매우 중요하다.

일반 무선 도청신호와 와이파이 신호 스펙트럼은 각각 다르게 나타나는데 그 중 와이파이 신호는 2.4GHz와 5GHz 사용에 따라 정해진 대역폭(20, 40, 80, 160MHz)을 사용하는 데 반해 일반 도청주파수는 대역폭이 좁고 일정치 않으며 Wi-Fi에 비해 피크치를 보이는 등 다른 형태를 보여 시각적으로 구별 가능하다.

또한 와이파이 신호는 일반적으로 넓고 일정한 패턴의 전송형태를 보이는 반면 도청 주파수는 하기 그림과 같이 좁은 대역폭으로 특정 주파수에 집중되는 양상을 보인다.

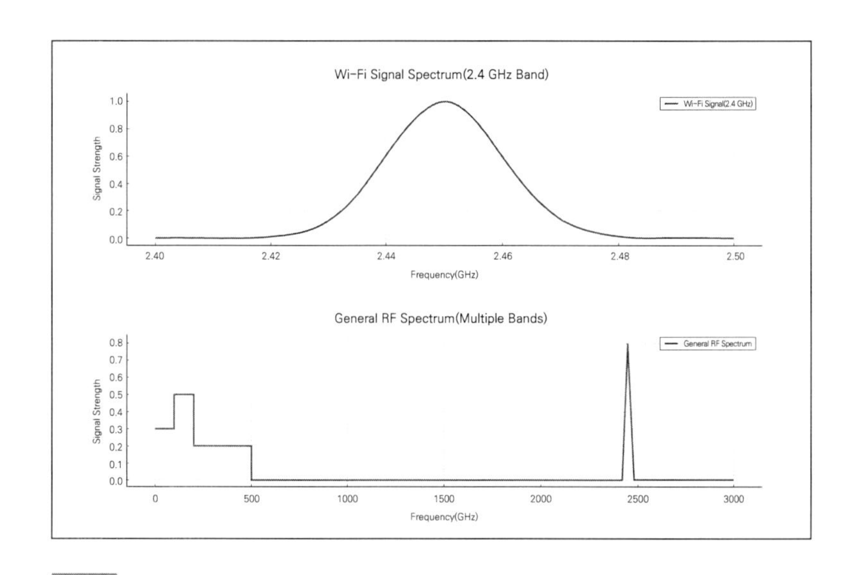

Wi-Fi 대역 주파수와 일반 송신기 스펙트럼

□ Metageek Wi-Spy & Chanalyzer WiFi Spectrum Analyser

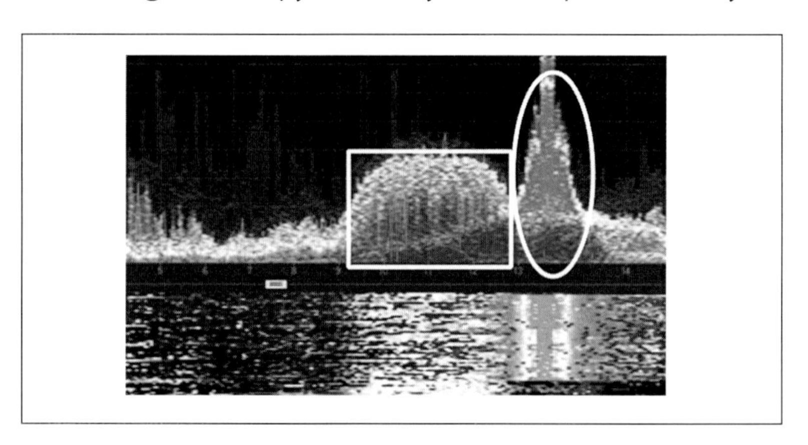

Wi-Fi 대역의 전송 상태 화면 분석[9]

9 출처: https://metageek-mix.netlify.app/products/wi-spy/

위 사진 오른쪽 상단(타원형) 파형은 2.4GHz 대역의 무선카메라 스펙트럼이며 왼쪽의 민둥산 형태의 스펙트럼 모양(직사각형)은 Wi-Fi 채널에서 데이터 송신 중에 나타나는 스펙트럼 형태이다.

상기 스펙트럼은 그동안 와이파이 기기와 접속 신호만 주고받던 특정 기기(핸드폰, 프린터, 앰프 등)가 본격적으로 데이터를 송수신할 경우 푸른색 민둥산 모양의 스펙트럼이 붉은 색으로 변한 모습으로서 넓은 대역폭을 차지하고 있다. 반면 일반 송신기는 주파수 폭이 좁고 강한 스펙트럼 형상으로 표시되어 구별이 가능하다.

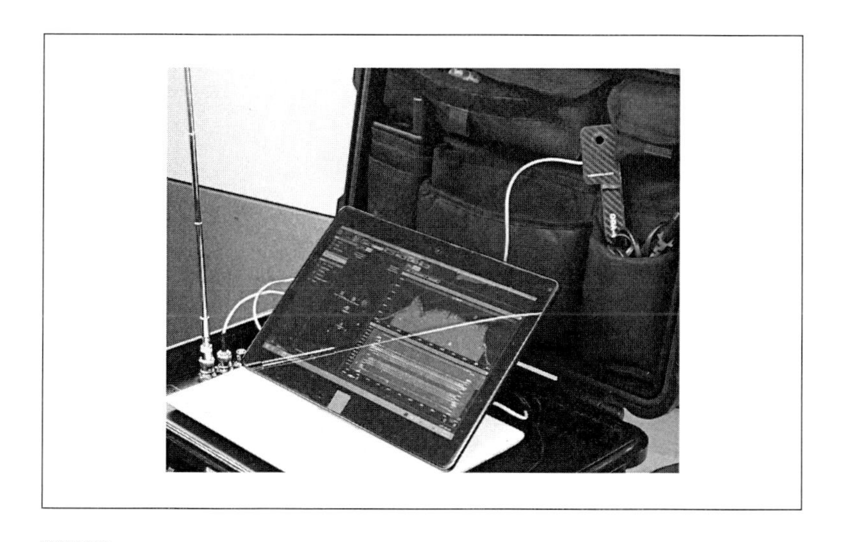

5GHz Wi-Fi 대역 스펙트럼 실 측정화면

9-1 중간자 공격 방어대책

제 9 장

중간자 공격(Man-in-the-Middle, MITM)의 이해와 방어

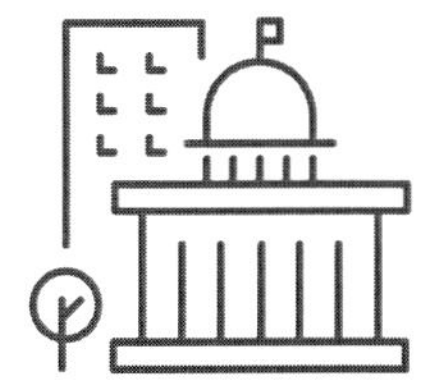

제 9 장

중간자 공격(Man-in-the-Middle, MITM)의 이해와 방어

중간자 공격(Man-in-the-Middle, MITM)은 휴대폰 통신망 연결 시 가장 신호 세기가 강한 기지국에 우선 연결된다는 점을 악용하여 개입하는 방식으로 도청 공격자는 대상자 주변에 강력한 신호 세기를 가진 위장 기지국을 개설, 同 기지국에 대상자 휴대폰이 접속하도록 유도한 다음 데이터 송수신 패킷을 가로채 양자 간 식별키 값을 읽어들임으로써 휴대폰 내부 주요 정보를 가로챌 수 있다.

또한 휴대폰에 악성코드 설치를 유도하여 통화 내용과 주변 소리까지 도청할 수 있으며 네트워크 트래픽을 가로채거나 변조하고 Wi-Fi 네트워크, 인터넷 뱅킹, 이메일 통신 등 다양한 영역의 정보 탈취가 가능하다.

중간자 공격에 대응하기 위해서는 지속해서 보안 프로토콜을 강화하고, 안전한 네트워크 사용 습관을 가져야 하며 사용자와 기업 모두 최신 보안 업데이트와 기술을 적극 채택하고, 보안 의식을 강화하는 것이 정보 보호를 위한 최선의 방책이라고 할 수 있다.

※ 2022년 12월 30일, 프랑스 언론사 el Parisien는 프랑스 당국이 파리의 스트라스부르 생드니 지하철 인근 주차 차량에서 강력한 신호를 발

생시키는 위장 기지국 장비가 운영 중인 사실을 적발하고, 휴대폰 종류와 가입자(IMSI/IMEI)의 세부정보 탈취 여부 등을 조사 중이라고 보도하였다.

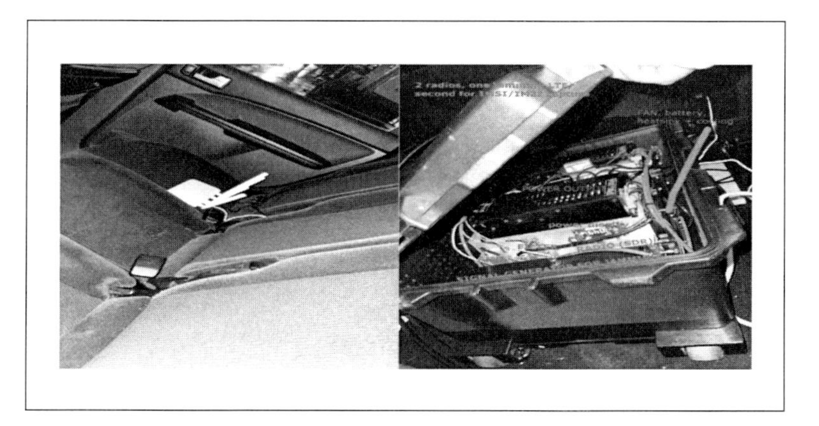

차량 내부 설치 IMSI[1] chtcher[2] 장비와 안테나[3]

9-1 중간자 공격 방어대책

(1) 네트워크 보안 강화

공용 Wi-Fi를 사용해야 한다면 신뢰할 수 있는 네트워크에 접

1 IMSI(International Mobile Subscriber Identity): IMSI 는 셀룰러 네트워크에서 사용자 구별에 사용되며 전 세계 셀룰러 네트워크에서 사용되는 유일한 구분자이다. 64bit 필드로 저장되고 전화기에 의해 네트워크로 전송, 상호 인증한다.

2 chtcher: 모바일 폰 트래픽을 가로채고 모바일 폰 사용자의 위치 데이터를 추적하는 데 사용되는 전화 도청 장치, 기본적으로 대상 모바일 폰과 서비스 제공자의 실제 타워 사이에서 작동하는 '가짜' 모바일 타워로, 중간자 공격(MITM)에 사용

3 출처: https://theatlasnews.co/conflict/2023/01/02/wireless-hacking-device-causes-bomb-scare-in-paris-leaves-more-questions-than-answers

속하고 가급적 VPN을 활용한다. VPN(가상 사설망)은 데이터를 암호화하고 IP주소를 마스킹하여 사용자의 검색기록 및 위치를 추적할 수 없도록 만들어 사용자 데이터를 보호하는 기능을 가지고 있다.

(2) 소프트웨어 업데이트

운영체제와 애플리케이션을 수시 업데이트하여 취약점을 최소화하고 HTTPS, SSL/TLS[4]와 같은 암호화된 통신 프로토콜을 사용하는 웹사이트와 서비스만 이용한다. 또한 웹사이트의 보안 인증서를 확인하여 신뢰할 수 있는 출처인지 여부를 확인한 후 사용한다.

---

4 SSL/TLS: Secure Sockets Layer(SSL, 보안 소켓 계층)는 애플리케이션 또는 브라우저가 모든 네트워크에서 안전하고 암호화된 통신 채널을 만드는 데 사용하는 기술이나 일부 보안 결함으로 인해 현재업그레이드 버전으로 TLS(전송 계층 보안)이 개발되어 사용 중이다.

제 10 장

모바일 디바이스 도청(Mobile Device Eavesdropping)

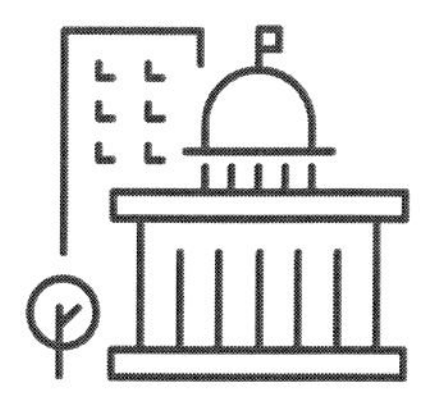

제 10 장

모바일 디바이스 도청(Mobile Device Eavesdropping)

스마트폰, 아이패드 등 모바일 디바이스는 최신 소프트웨어 탑재, 운영 체계 개선, 무선 네트워크망 확대 등으로 휴대 사용이 간편함에 따라 개인 사용자들은 물론 일반사회에서도 기존의 데스크 톱 컴퓨터보다 모바일 디바이스 사용 비중이 높아지고 있는 상황이다.

또한 멀티 스크린, 자이로스코프, 가속도계, GPS, 마이크, 메가 픽셀 카메라 등 新 기능이 탑재된 모바일 기기는 사용자에게 편의성을 제공하지만 특정 애플리케이션을 사용하기 위해서는 개인정보에 대한 외부 접근 권한을 허용할 수밖에 없게 구성해 놓음으로써 기존에 없던 새로운 보안 위협 요인으로 작용되고 있다.

2019년 버라이존 커뮤티케이션社가 IBM, Lookout 등 모바일 보안전문가(670명)를 대상으로 조사한 자료에 따르면 조사대상의 1/3이 모바일 디바이스와 관련된 피해를 경험했으며 그 중 47%는 문제 해결에 비용이 많이든다고 응답하고, 64%는 가동 중단 시간이 발생했다고 응답한 바 있다.

최근의 스마트폰 및 노트북 등에 설치되어 있는 각종 센서와 편의 장치들은 의도적인 스파이웨어[1] 또는 악성 프로그램 공격을 받을 경우 오히려 원격 도청 장치로 악용될 가능성이 높은 것으로 알려져 있다.

모바일 기기를 이용한 지도 탐색 기능[2]

특히 우려되는 점은 이러한 악성 프로그램은 스마트폰, 태블릿 PC, 노트북 등 모바일 디바이스의 음성통화 기록은 물론 기기 주

1 스파이웨어(Spyware): 스파이(Spy)와 소프트웨어(Software)의 합성어로, 사용자의 동의 없이 설치되어 개인이나 조직에 대한 정보를 수집해 전송하는 것을 목표로 하는 악성 소프트웨어

2 출처: https://www.pexels.com/ko-kr/photo/38271/

변 음향과 문자 메시지, 이메일 등을 수집, 특정 서버로 전송토록 동작될 수 있다는 점이다.

※ AP통신은 2025. 2. 1. 애플이 음성인식 인공지능을 기반으로 동작하는 개인비서프로그램 '시리'(Siri)를 통해 아이폰, 아이패드, 애플워치 사용자들을 대상으로 은밀하게 개인정보를 수집해 온 사실이 밝혀져 거액의 배상금을 지급키로 했다고 보도

□ 페가수스(Pegasus) 스파이웨어

페가수스는 현존 스파이웨어 중에서 가장 강도 높은 스마트폰 도청 프로그램으로 최초에는 범죄자와 테러리스트에 대항한다는 목적으로 이스라엘 NOS 그룹이 제작했으며 인권 문제가 없는 국가의 軍 및 법집행기관, 정보기관 등에만 제공한다고 주장하고 있었으나 2016년 인권운동가의 아이폰에 설치하려다가 프로그램 존재가 드러나게 되었으며 2021년에는 국가원수급 인사 10여 명의 휴대전화가 同 프로그램에 감염된 사실이 밝혀져 국제적으로 同 프로그램이 주목받게 되었다.

페가수스 스파이웨어의 주요 기능으로는 안드로이드와 아이폰 모두를 통제할 수 있으며 위치 추적은 물론 물론, 메시지와 사진, 이메일을 추출할 수 있고, 통화를 추적하고 녹음하며, 마이크와 카메라를 비밀리에 활성화시킬 수 있는 것으로 알려져 있다.

스마트폰 설치 각종 애플리케이션[3]

10-1 내장 마이크 기반 도청

스마트폰은 내장 마이크를 통해 사적인 대화는 물론 주변 소음까지 녹음하여 인터넷망을 통해 원격 서버로 전송함으로써 비밀 도청 장치로 전용될 수 있다.

통상적으로 특정 애플리케이션을 설치하고자 할 때 마이크 접근 권한 등을 수락할 경우에만 앱을 설치할 수 있도록 제한을 두고 있으나 대부분의 스마트폰 사용자들은 특정 권한을 수락할 경우 발생될 수 있는 문제점 등을 검토하지 않은 채 사용 편의성만 고려, 맹목적으로 수락하고 있는 것으로 조사된 바 있다.

일단 마이크 권한을 허용할 경우 안드로이드 및 애플 앱은 언제

3 출처: https://www.pexels.com/ko-kr/photo/1092644/

든지 오디오를 녹음할 수 있으며 심지어 휴대폰이 작동하지 않을 경우에도 녹음 가능하다는 점을 유념해야 한다.

10-2 모션 센서 기반 도청

모바일 운영 체계는 제조사에서 사용자가 직접 카메라, 마이크 및 GPS 기능을 통제할 수 있도록 제작되고 있으나 스마트폰 모션 센서(가속도계 및 자이로스코프)는 사용자 동의 없이 외부에서 직접 액세스가 가능하기 때문에 언제든지 모션 센서를 통한 데이터 수집과 도청을 실행시킬 수 있다. 실제로 Apple의 FaceTime 앱은 iPhone 카메라와 마이크에 무단 액세스 할 수 있는 것으로 알려져 있다.

10-3 정보기관 조종에 의한 휴대폰의 도청기 작동 가능성

영국 정보기관(GCHQ)은 도청 대상자 스마트폰에 암호화된 문자 메시지를 보내는 방법으로 스마트폰 저장 사진과 모든 대화를 도청할 수 있는데 암호화된 메시지에는 전화기 전원과 마이크 On/Off를 조작할 수 있는 기능은 물론 기지국 보다 더 정교하게 위치를 추적할 수 있는 프로그램이 포함되어 있는 것으로 알려지고 있다.

심지어 해당 스마트폰 사용자는 메시지가 도착한 사실조차 인지할 수 없도록 정교하게 만들어져 있으며 외부 공격자가 스마트폰 내부의 모든 소프트웨어의 조종이 가능하다고 한다.

제 11 장

Beacon 도청

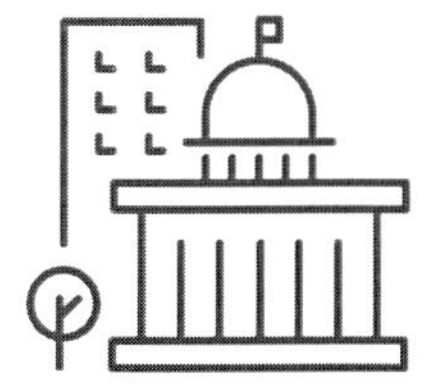

제 11 장

Beacon 도청

비콘(Beacon)은 커다란 동전 크기의 작은 무선 송신기로 GPS 및 블루투스 4.0을 사용하며 페어링 과정 없이 작동되기 때문에 전력 소모가 아주 낮아 1년 이상 동작 가능하고 동시 연결 기기 숫자도 제한이 없다.

Beacon은 Bluetooth Low Energy[1](BLE) 기술을 사용해 주기적으로 비콘의 식별자와 위치정보, 기타 정보를 송출하는데 비콘이 발신하는 신호 범위 내에 도착하거나 진입한 스마트 디바이스(모바일 기기)는 비콘의 ID를 수신하고 이때 스마트 디바이스의 애플리케이션은 ID값을 서버로 전달한다(이 같은 일련의 동작은 사용자가 특별히 차단하지 않는 이상 대부분의 스마트 디바이스가 자동적으로 실행하게 세팅되어 있다).

서버는 ID에 포함되어 있는 위치를 확인한 다음 해당 위치에 설

---

1 Bluetooth Low Energy(BLE)는 블루투스 4.0으로 단 방향 통신 기능이 가능, 이전 3.0과 같은 수신 대기와 페이링 연결이 필요없게 됨에 따라 스마트홈, 스마트빌딩 IoT 서비스에 활용된다.

정된 이벤트나 서비스 정보(마케팅, 트래킹, 결제 서비스 등)를 스마트 디바이스로 전달함으로써 통신망이 구성되며 반경 최대 50m 이내 구역에서 10㎝ 단위의 오차범위를 갖고 있어 데이터 맞춤형으로 활용 가능하다는 장점으로 소매업, 병원, 박물관 등에서 위치 기반 서비스 제공에 많이 사용되고 있다.

최근에는 비콘 기술을 이용하여 학생들을 직접 호명하지 않더라도 비콘 신호를 받은 스마트폰이 비콘과 상호 인증정보를 교환, 현장 출석을 확인할 수 있는 출결 시스템으로 도입되는 등 점차 사용 범위가 다양하게 확대되고 있는 추세이다.

비콘의 일반적 정보전송 그림[2]

2 출처: https://www.acrylicwifi.com/en/blog/bluetooth-beacon-technology-advantages/

Google은 2017년부터 Project Beacon을 도입하고 Google Ads 서비스[3]와 함께 사용할 수 있도록 기업에 비콘을 보내기 시작했는데 2021년 Quartz[4]의 조사자들은 Google Android 휴대전화에서 Bluetooth를 끄더라도 Bluetooth 비콘을 사용하여 사용자를 추적할 수 있다고 발표한 바 있듯이 비콘은 언제든지 개인정보(물품구매, 취향, 자주 방문장소 등)를 확인할 수 있는 기기로 사용되고 있다.

특히 Beacon은 본질적으로 스푸핑[5](Spoofing)과 클로닝[6](Cloning)에 취약하여 비콘이 부착된 사물의 정보나 이를 사용하는 소유자의 동선 등 개인정보 유출 가능성이 충분히 우려되는 상황이라고 판단된다.

---

3 Google Ads: 비즈니스 홍보와 제품이나 서비스를 판매하고, 인지도를 높혀서 웹사이트로 유입되는 트래픽을 늘리기 위해 사용할 수 있는 구글 광고 프로그램

4 Quartz: 미국 뉴스 매체, 주로 비즈니스, 경제, 기술 및 문화에 관한 기사를 취급, Quartz는 디지털 플랫폼을 통해 독자들에게 정보를 제공. 글로벌 경제와 기술 트렌드에 대한 깊이 있는 분석 공급

5 스푸핑: 네트워크에서 MAC 주소, IP주소, 포트 등 네트워크 통신과 관련된 정보들을 속여서 통신 흐름을 왜곡시키는 공격

6 클로닝: 원본 시스템의 복제본을 하나 이상을 생성하는 것으로, 기존에 체크인되었던 대상물의 정보를 복제하여 그 대상물이 없어도 있는 것처럼 속여서 정보를 빼내는 방법

도청의 이해와 대응

제 12 장

스마트 TV 및 애플리케이션 활용 도청

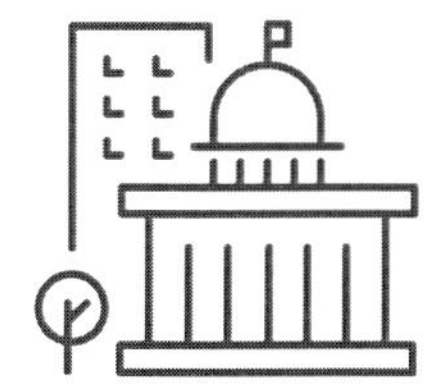

제 12 장

스마트 TV 및 애플리케이션 활용 도청

스마트 TV에 기본 설치되어 있는 Netflix, YouTube 등에서 사용되는 각종 애플리케이션은 사용자들의 프로그램 이용 실태와 정치적 성향, 직업, 경제적 지위, 심지어 性 정체성은 물론 사회활동, 특정 물품 구매 가능성 등 실내에서 벌어지는 모든 상황을 데이터로 수집할 수 있으며 이를 광고에 활용하는 것으로 알려져 있다.

스마트 TV 넷플릭스 시청[1]

1 출처 : https://www.pexels.com/ko-kr/search/Netflix/

상시 인터넷 연결 스마트TV는 악성 소프트웨어나 멜웨어에 감염될 경우 실내 음향 정보가 외부 유출될 가능성이 높다. 특히 음성 명령을 이용하여 실내 스마트 기기를 통제하는 기능들은 사용자들에게 편리성을 제공하지만 사적 대화 내용이 제조사 또는 외부로 유출될 수 있음을 의미한다.

따라서 스마트 TV를 통한 해킹 시도를 차단하기 위해서는 기본 설정된 비밀 번호를 수시 변경하고 마이크, 카메라 등 실내 정보 유출 가능성이 의심되는 관련기기를 평소에는 Off하는 방법을 적용하거나 카메라를 봉인하는 것도 큰 도움이 될 수 있다.

만약 스마트TV 설치 장소가 중요 회의실이나 사무실이라면 평소 랜 연결 차단 등 필요한 대책을 권고함으로써 정보누설 가능성 최소화를 지원하여야 한다.

도청의 이해와 대응

제 13 장

대표적인 도청 탐지 장비 소개

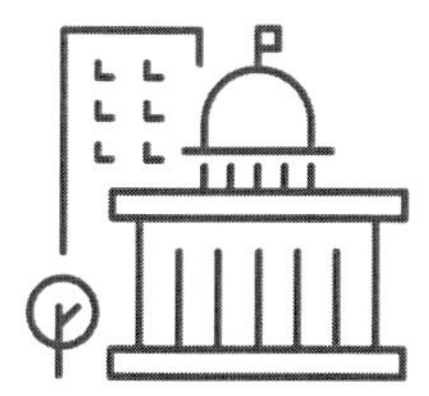

제 13 장

대표적인 도청 탐지 장비 소개

도청 탐지를 위해서는 유형별 정밀 탐색 장비를 갖추는 것이 중요한데 그동안 필자가 경험했던 몇몇 주요 장비를 소개하고자 한다. 하지만 여기에 소개하는 장비는 독자의 이해를 돕기 위한 소개 차원일 뿐 제조사와 특별한 연관이 없음을 참고하기를 바란다.

13-1 비선형 접합 소자 탐지기(Non-Linear Junction Detectors)

NLJD는 전자 장치의 에너지 방출이 아닌 반도체 소자 자체의 물리적 특성에 따라 반응하는 장비로서 전원 공급 및 송신기 동작 여부와 관계없이 전자소자 유무를 탐지, 도청 장치 색출을 지원하는 필수 장비라고 할 수 있다.

NLJD 동작은 특정 고주파(800MHz~3,600MHz)를 도청기 설치가 의심되는 장소에 집중적으로 송신한 다음 되돌아오는 제2고조파 및 제3 고조파를 분석하여 동 지역에 이중금속 접합 소자(다이오드, 트랜지스터, 회로 기판 등) 존재 여부를 청각 및 시각적으로 판단할 수 있도록 지원하는 신뢰성 높은 장비다.

현재 시판중인 비선형 소자 탐지 장비는 미국과 러시아 계통 장비가 가장 유명하지만 최근에는 중국 및 체코 등에서 생산된 장비도 출시되고 있다. 장비 동작 방법은 큰 차이가 없으나 美 REI社 생산 ORION은 출력이 낮은 대신 정밀도가 높다고 주장하고 있으며, 러시아 계열의 LORNET STAR 또한 투과력이 깊다는 점을 강조하듯이 각각의 고유 특성을 가지고 있다.

필자가 양쪽 장비 모두를 직접 사용해 본 결과 어느 장비가 더 좋으냐는 질문에는 두 장비 모두 인체 직접 사용금지 등 매뉴얼상 주의 사항만 준수한다면 소비자의 선택이 중요하다고 할 정도로 모두 우수한 성능을 가지고 있다고 보인다.

※ 18-6 도청 탐지 절차 추가 설명 참조

□ 미국 REI社 ORION

REI社 ORION[1]

1 출처: https://reiusa.net/

○ 장비 특성

- 작동 주파수 900MHz, 2.404GHz~2.472GHz
- 리튬이온 배터리 채용
- 2차 및 3차 하모닉 주파수 상호분석과 송수신 안테나 기술 적용으로 미탐지 가능성 최소화
- 안테나에 디스플레이를 장착, 탐지 결과 실시간 확인 가능
- 디스플레이 부분과 전원부의 무게 균형이 일정하여 장시간 사용에 편리
- USB 포트를 활용 소프트웨어 업데이트 지원 가능
- 즉각적인 탐지 결과 제공

□ 러시아 ELVIRA社 LORNET

ELVIRA社 LORNET[2]

---

2 출처: https://lornet-elvira.com/en

○ 장비 특성

- 안테나 모듈의 컴팩트한 디자인(두께 18mm)과 가벼운 무게로 제한된 공간과 접근하기 어려운 장소에서도 탐색 가능
- CW 모드에서 금속의 녹슬은 부분과 반도체 접합을 소리로 구분
- 2차 및 3차 고조파 스펙트럼 분석 알고리즘을 통해 녹 또는 금속접합 여부 등을 시각적으로 인식할 수 있어 이상반응(도청기) 지역에 대한 식별률 우수
- 주변 전자파에 의한 혼선방지를 위해 간섭이 가장 낮은 주파수 채널 자동검색
- 출력 전력 수동 조정기능
- 최대 10W의 높은 방사 출력은 인체 및 일반 전자기기에 악영향을 미칠 가능성이 높으므로 사용상 주의 필요

□ 체코 EH-NLJD-simple

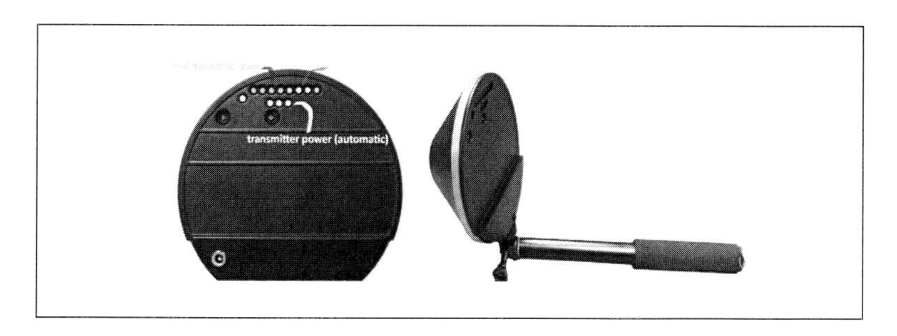

체코 생산 EH-NLJD[3]

3 출처: https://www.proponents.eu/

○ 장비 특성

- 본체에 송수신기, 안테나, 전원 공급 장치, 제어 및 표시 패널 통합
- 2.4GHz ISM 주파수 대역과 100mW 미만의 낮은 전송 전력
- 원형 편파 송수신 안테나는 반사파 특성에 최적화, 정밀측정 지원

□ 중국 iSecus社 개발 DT-810, 820 시리즈

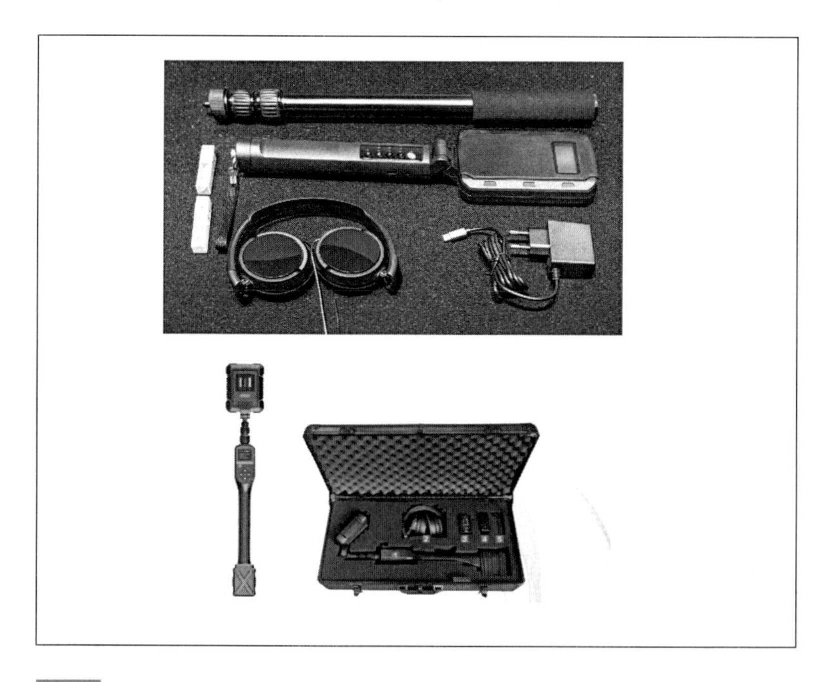

DT-810, 820[4]

4 출처: https://www.isecus.com/

○ 장비 특성

- 최대 4W 범위의 펄스 송신 전력
- 열화상 카메라 기능 추가 탑재
- 4.5시간의 작동시간

※ 타사 장비 대비 가격 경쟁력과 편의성 등이 장점, 공개 스펙상 충분한 경쟁력 보유

13-2 주파수 스펙트럼 분석 장비

스펙트럼 분석기는 특정 주파수 형태와 전력의 세기, 변조 방식과 대역폭을 등을 시각적으로 표시하고 일부는 복조 기능을 가진 장비로서 이상 주파수 탐색에 필수로 사용되는 도구이다.

통상 6GHz 범위의 스펙트럼 분석기를 가장 많이 사용 중이나 최근 전자통신기술 발전에 따라 점차 25GHz 주파수 대역까지 측정 가능한 장비로 확대되는 추세로 신호대 잡음비는 -90dBm 이상의 감도를 가져야 하며 기본적으로 특정 신호의 스펙트럼 분석이 가능한 장비를 확보해야 한다.

또한 빠르게 신호를 스캔하고 응답속도가 높으며 지향성이 강한 장비가 도청 탐지 현장에서의 효율성을 극대화할 수 있다.

13-3 대표적인 스펙트럼 분석 장비 소개

① Anritsu MS2720T

- 주파수 범위: 9kHz~20GHz
- 스위프 모드: 최대 100배 더 빠르게 스위프 속도 개선

- 1Hz~10MHz 범위의 분해능 및 비디오 대역폭
- 10MHz RBW & VBW를 포함한 더 많은 제로-스팬 기능
- 터치 스크린 GUI 및 가독성을 위한 흑백, 나이트 비전 기능
- 가벼운 중량으로 야외 측정에 적합

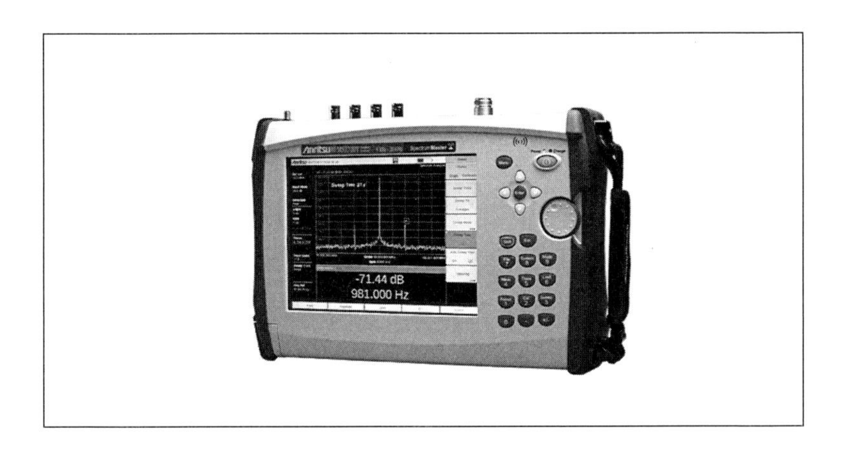

Anritsu MS2720T[5]

② Tektronix社 RSA5000B 시리즈

- 주파수 범위: 1Hz~26.5GHz
- 레벨잡음: -157dBm
- 대역분석폭: 25, 40, 85, 125, 165 MHz
- 빠른 스위프 속도로 사용자 편리성 증대

5 출처: https://www.anritsu.com/en-us/test-measurement/products/ms2720t

- 광대역 분석 기능을 보유, 특정 주파수 정밀 측정 가능
- 단점, 무게와 부피가 커서 이동 편리성이 낮아 외부 활용이 어렵다.

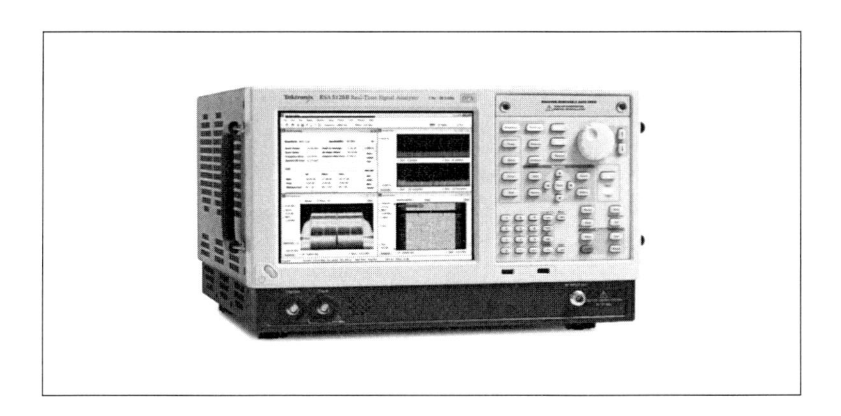

RSA5000B[6]

③ ROHDE & SCHWARZ社 FSC6 스펙트럼 분석기

- 주파수 범위: 9KHz~6GHz
- 대역분석폭: 10Hz~3MHz
- 빠른 스위프 속도와 컴팩트한 디자인으로 이용 편리성 강화

6 출처: https://www.tek.com/ko/products/spectrum-analyzers/rsa5000b

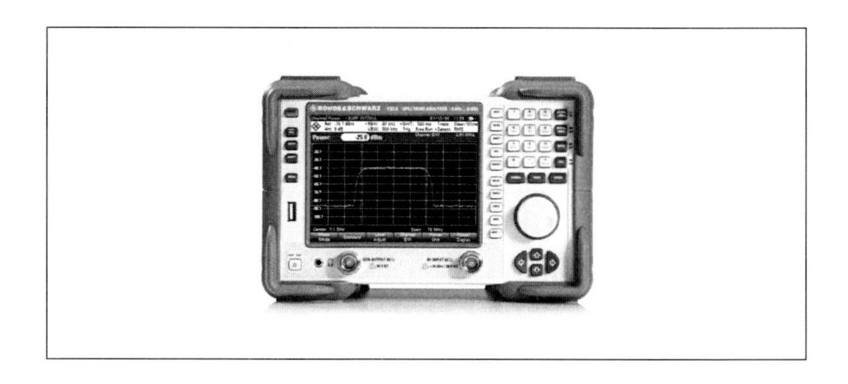

ROHDE & SCHWARZ社 FSC6[7]

④ 美 ROHDE & SCHWARZ社 FSH(휴대형 스펙트럼 분석기)

- 주파수 범위: 9KHz~13.6GHz
- 네트워크 분석모드 지원
- 전계강도 측정기능
- Pulse 분석 기능
- 키패드와 회전 노브 적용
- 가벼운 무게로 현장 활동 최적화
- 방수기능 채용

7 출처: https://www.rohde-schwarz.com/kr/products/test-and-measurement/benchtop-analyzers/rs-fsc-spectrum-analyzer_63493-10891.html

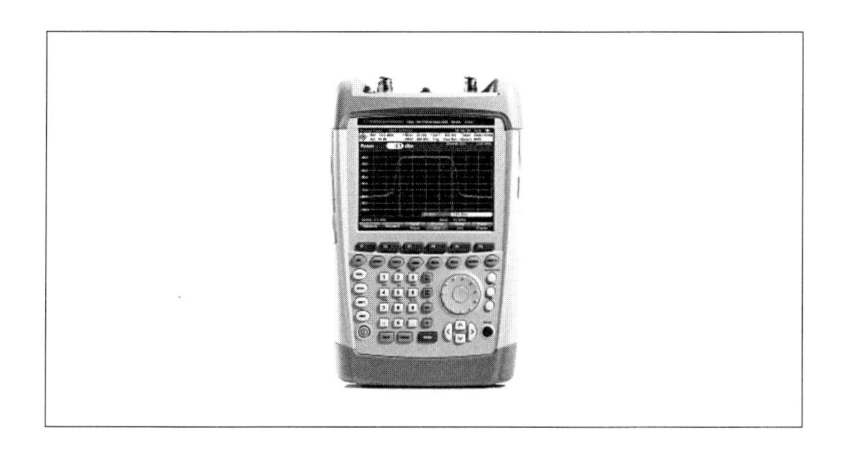

ROHDE & SCHWARZ社 FSH[8]

13-4 다기능 전파 탐지 장비

허가되지 않은 이상 주파수 발신지 추적, 스펙트럼 분석 기능 등 도청 장비 탐지에 최적화된 기능을 모아 한눈에 식별토록 제작된 장비로서 대표적으로 미국 REI社와 러시아의 Digiscan Labs 社, 영국의 Wireless Activity Monitor-WAM-X25 등이 알려져 있다.

① 美 REI社 MESA 2.0

- 빠른 스위핑과 시각적인 정보제공(7인치) 신속 탐지 지원
- 신호리스트 자동생성 및 알림기능 채택 사용자 편의 강화
- 터치스크린 지원

8 출처: https://www.rohde-schwarz.com/kr/products/test-and-measurement/handheld/rs-fsh-handheld-spectrum-analyzer_63493-8180.html

- GPS 데이터 캡처 및 저장 기능
- 10KHz~6GHz 범위의 스펙트럼 분석 지원(12GHz 확장가능)
- 휴대성 용이 현장탐지 활동 최적화
- Wi-Fi 엑세스 포인트, 신호 데이터 채널 표시
- 오디오 복조 기능 탑재

REI社 MESA 2.0[9]

② **러시아 이상 전파 탐지 시스템**(Delta-X)

- 모든 유형의 다양한 RF 신호에 대한 빠르고 안정적인 지원
- GMS. 3G, 4G, 5G, Bluetooth, Wi-Fi 등 숨겨진 감시장비 색출
- 24시간 RF신호 모니터링 가능

---

9 출처: https://reiusa.net/rf-detection/mesa-mobility-enhanced-spectrum-analyzer/

Delta-X[10]

- 위치찾기 기능으로 이상 전파 발신원 탐색에 용이
- 9KHz~6GHz 범위의 스펙트럼 분석 지원(12GHz 범위 선택 가능)

③ **영국** Wireless Activity Monitor-WAM-X25

WAM-X25[11]

---

10 출처: https://digiscan-labs.com/products/delta-x-g2-6/

11 출처: https://www.jjndigital.com/products/wam-x25/

○ 주요 기능

- 셀룰러 2G/3G/4G/5G, 2.4GHz/5GHz Wi-Fi/블루투스
- 광대역 0-14GHz 감지
- Wi-Fi 네트워크/블루투스 분석기 및 방향 찾기 기능
- 이동이 편한 컴팩트한 태블릿 크기의 패키지

13-5 휴대형 전파 탐지기

① 러시아 Digiscan Labs社 멀티 채널 탐지기(Protect 1216)

- 50MHz~12GHz 범위 대역폭으로 3개 band를 범위 탐지
- 모든 유형의 RF신호 감지
- 충전식 리튬이론 배터리 채용으로 운영 편리성 확보

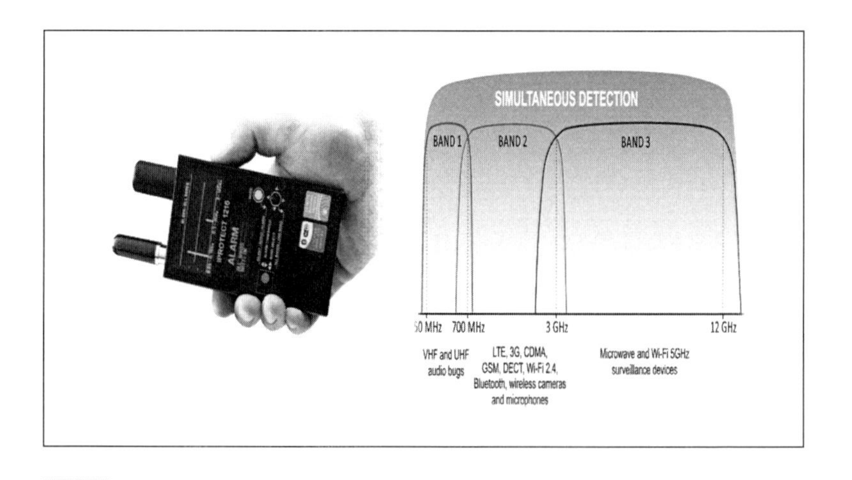

Protect 1216[12]

12 출처: https://digiscan-labs.com/products/

② **러시아** Digiscan Labs社 Hunter Sweeper(PROTECT 1206)

- 2개의 안테나
  ANT1: 50~12GHz, ANT2 :2.4~2.48GHz 및 4.9~5.875GHz
- Bluetooth, Wi-Fi무선 카메라 대역인지
- 특징: AA배터리 2개 전원 사용, 메탈바디로 충격에 강함
- 16개 세그먼트 채용 인식성 우수

PROTECT 1206[13]

13 출처: https://digiscan-labs.com/products/

③ **러시아** Digiscan Labs社 Multi-channel Detector(PRTECT 1207i)

- 차량 내 GPS 추적 및 탐지
- 숨겨진 Wi-Fi 전파 색출(카메라 포함)
- 블루투스를 이용한 버그 색출
- 서로 다른 주파수 범위의 6개 채널 동시 감지 기능
- 감지거리: 1~10미터

PRTECT 1207i[14]

④ 美 REI社 ANDRE(Near-field Detection Receiver)

- 주파수 범위 : 10KHz~6GHz(12GHz)

---

14 출처: https://digiscan-labs.com/products/

- 주파수 카운터, 스크린 샷 기능
- 3.5 인치 터치스크린 적용
- 아날로그 오디오복조 기능
- 적외선 탐지 등 다양한 탐지기능
- USB 파일전송 기능
- 휴대 측정에 최적화

Near-field Detection Receiver[15]

13-6 Wi-Fi 대역 탐지 장비(iPROTECT 1217)

○ 주요 기능

- Wi-Fi 2.4GHz, Bluetooth, Wi-Fi 5GHz, DECT,[16] ISM

---

15 출처: https://reiusa.net/rf-detection/andre-deluxe-near-field-detection-receiver/

16 출처: DECT(Digital Enhanced Cordless Telecommunications): 유럽 전기통

대역 등 모든 유형의 무선신호를 감지

※ ISM(Industrial, Science, Medical)는 비면허 주파수 대역으로 상호 간섭을 용인하며 공동사용을 전제로 상호 간섭의 최소화를 위해 소출력(low power) 통신용으로 사용가능한 대역

※ 한국의 통신용 ISM 주파수 대역은 902~928MHz(26MHz), 2.4~2.4835GHz(83.5MHz)

- GPS 추적기 감지를 위한 별도 모드(TRACKER) 채용
- 고성능 방향성 안테나 채택, 송신위치 추적 지원
- 내장 배터리 지원

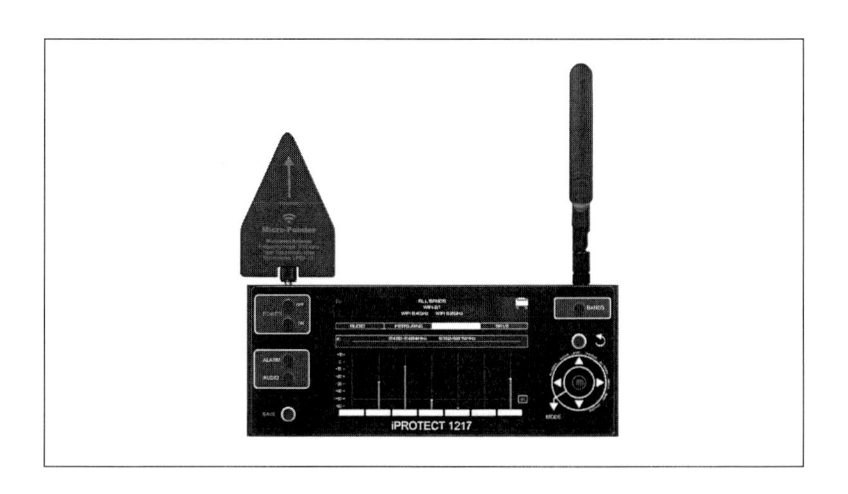

iPROTECT 1217[17]

신표준협회에서 관리하는 무선전화 통신 표준을 말한다.

17 출처: https://digiscan-labs.com/products/

13-7 유선 도청 탐지 장비

① 美 REI社 TALAN(전화 및 회선 분석장비) 및 TDR

- 다목적 회선 분석 장비로 멀티미터 테스트
- 선로 스펙트럼 분석
- 광범위한 고급 VoIP[18] 트래픽 필터링을 통해 의심스러운 패킷 정보 식별 가능
- 멀티미터 테스트(전압, 전류, 저항, 정전 용량)
- RF 광대역 검출기(최대 8GHz)
- 오디오 오실로스코프(20Hz~20KHz) 기능 탑재
- 다중 테스트 데이터베이스 시스템
- 바이어스 발생기 ±80 VDC
- 고이득 오디오 증폭기, 디지털 복조 기능
- 주파수 영역 반사계(FDR)

---

18 VoIP: Voice over Internet Protocol(음성인터넷 프로토콜)의 약자로, 인터넷을 통해 전화를 걸거나 받는 방식으로 컴퓨터나 모바일 장치에서 인터넷을 통해 전화 사용 가능

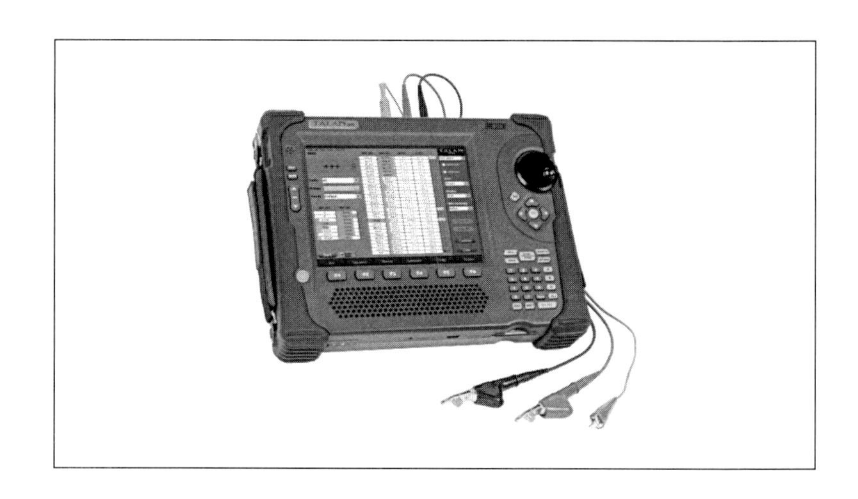

REI社 TALAN[19]

② TDR ST-620

○ 주요 기능

시간 영역 반사계(TDR, 펄스 반사 테스트)와 지능형 브리지 테스트(브리지)를 결합, 단선, 교차 결함, 접지불량 및 리드 피복 케이블, 플라스틱 케이블 등 결함 위치 측정

○ 특징

- 대형 LCD 디스플레이(480×280픽셀) 적용
- 펄스 반사 시험과 지능형 브릿지 시험은 단선, 선로 브릿지, 절연 불량, 누수 등 선로상 각각의 오류 테스트 가능
- 메가 미터와 오옴계 사용, 절연 저항 및 루프 저항 테스트 가능

19 출처: https://reiusa.net/telephone-line-inspection/talan-3-0/

- USB 포트를 사용하여 컴퓨터에서 데이터 분석 가능, 충전식 리튬 배터리 채용 야외 사용에 적합
- 휴대성이 뛰어난 디자인, 최대 8km 측정 범위, 무게: 1kg

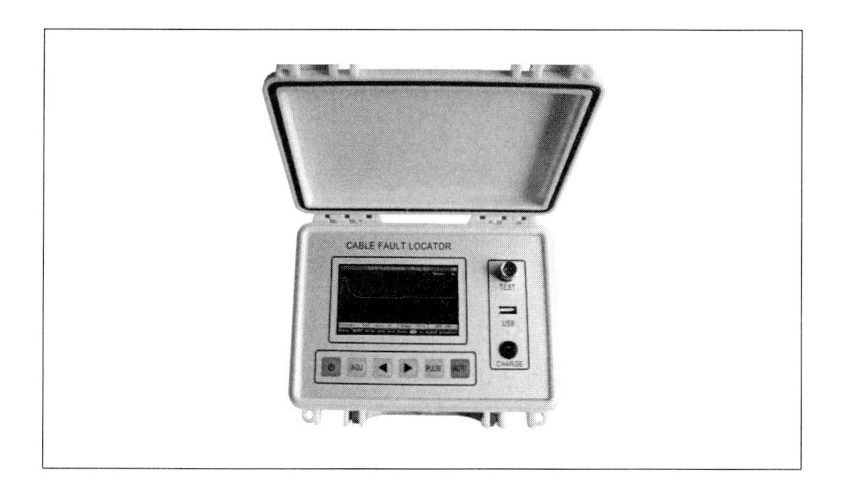

TDR ST-620[20]

20 출처: https://ko.senter-e.org/search/tdr%20st-620.html

14-1 벽 탐지기(Wall Detector, Wall Scanner)

14-2 휴대형 열화상 탐지 장비

14-3 클램프 미터(Clamp meter)

제 14 장

도청기 탐지를 위한 기타 보조 장비

제 14 장

도청기 탐지를 위한 기타 보조 장비

14-1 벽 탐지기(Wall Detector, Wall Scanner)

벽 탐지기는 주로 벽 내부의 금속, 전선, 목재 상태 등을 확인하는 장비로 사용되고 있는데 일부 도청 장치는 벽체 또는 기둥 내부에 은닉되어 있거나 벽체 내부전원선 인근에 설치되는 경우가 많으므로 의심되는 벽체에 대해서는 정밀 탐지가 필요하다.

벽 탐지기는 해상도가 높고 물체 투과성이 깊어 내부의 작은 물체도 식별 가능한 정밀도가 높은 장비를 선택하여야 한다.

보쉬 D-TECT120[1] TICHOP TDM-40[2]

14-2 휴대형 열화상 탐지 장비

도청기 탐지를 위한 열화상 탐지 장비는 도청기 등 전자 장치에서 발산되는 열을 시각적으로 감지함으로써 숨겨진 도청기 색출 현장에서 필수 장비로 많이 사용되고 있는데 최근에는 열 측정 결과를 이미지로 저장하고 영상분석 및 저장 기능으로 데이터 베이스화 할 수 있어 필요시 증거자료 활용 가능하다.

※ 모든 물체(유기체 또는 무기체)는 적외선을 방출하는데 기존 일반 카메라는 짧은 파장의 가시광선 범위에서 작동하고 열화상 카메라는 중간 길이 또는 긴 파장의 적외선을 감지한다.

---

1 출처: https://www.bosch-pt.co.kr/kr/ko/products/d-tect-120-wall scanner-06010813B1

2 출처: https://www.navimro.com/g/01085475/?srsltid=AfmBOopgxomgQf1dbHWhg8IlqK4wND8bR389so0tht8CQGQRKL74i6xG

□ 휴대형 열화상 탐지 장비 구비 조건

(1) 해상도가 높을수록 더 작은 장치나 미세한 온도 변화를 심도 있게 감지할 수 있으므로 최소 중해상도 이상의 320×240~640×480 픽셀 필요

(2) 열감지 범위는 최소 -20°C에서 150°C 이상의 성능을 구비하고 열감도 차이는 최소 0.05°C 이하의 구별이 가능하여야 한다.

(3) 촬영 프레임 속도가 높을수록 안정적인 영상을 제공하므로 초당 30프레임 이상의 속도를 권장한다.

(4) 전원 공급은 최소 4시간 이상 지속 가능한 배터리가 채용되어야 현장 상황에 안정적으로 사용할 수 있다.

(5) 가벼운 무게로 현장 휴대성이 좋아야 한다.

① FLIR社 E8 열화상 카메라

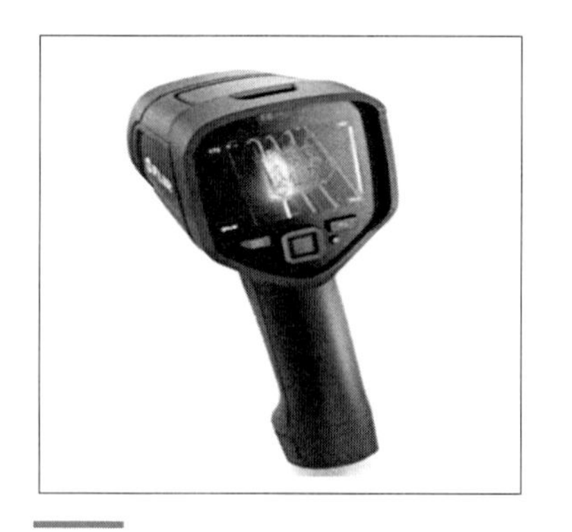

FLIR社 E8 열화상 카메라[3]

② MILESEEY TR256C 열화상 카메라

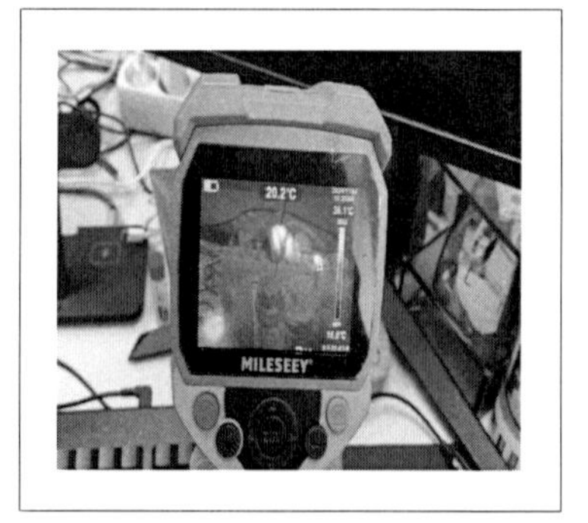

OO 지역 실제 측정 열화상 사진

3 출처: https://www.flirkorea.com/products/e8-pro/?vertical=condition+monitor

□ 주요 기능

① FLIR社 E8 열화상 카메라

- 해상도: 320×240
- 온도 감지 범위: -20°C~250°C
- 감도: 〈 0.06°C
- 프레임 속도: 9Hz
- 시야각: 45°×34°
- 데이터 저장: SD 카드, USB
- 배터리 수명: 4시간 이상

② MILESEEY TR256C 열화상 카메라

- 화면 해상도: 640×480
- 3.5인치 LCD 디스플레이
- -20℃~450℃(-4℉~842℉)
- 프레임 속도: 〈 20Hz
- 배율: 56°×42°
- 5,000mAh 충전식 리튬 배터리
- GPS 위치 지정, WIFI 노트북 연결기능

※ 제20장 공중 화장실 등 불법 카메라 탐지 편 참조

ing&segment=solution

14-3 클램프 미터(Clamp meter)

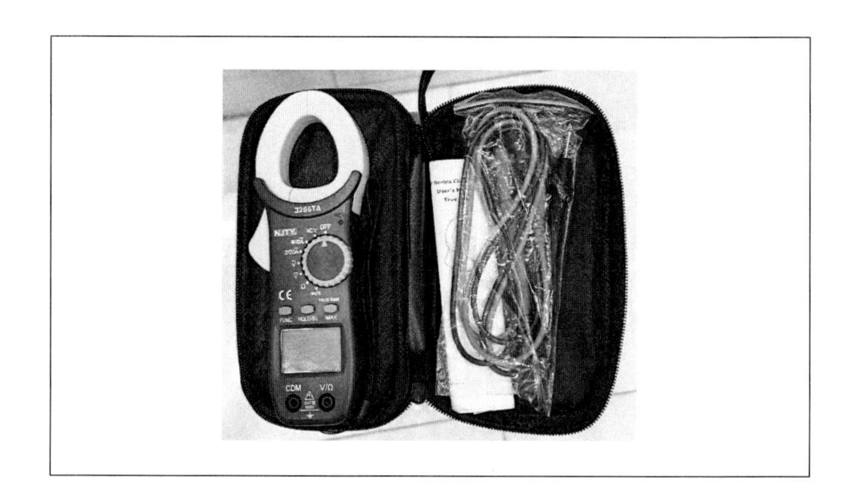

3266TA 클램프 미터

클램프 미터는 선로를 절단하지 않고 선로 측정이 가능한 계측 장비로서 도청 탐지 보조장비로 유용하게 사용할 수 있다. 작동방식은 측정 대상 선로에 발생 되는 자계를 센서로 제어하고 전류로 환산하여 측정하게 되는데 전압, 저항, 통전 측정 기능을 포함한 디지털 멀티미터(DMM)의 기본을 갖추고 있다.

15-1 임피던스 분석기가 갖추어야 할 주요 기능

제 15 장

임피던스 분석기 & 임피던스 미터기 (Impedance Analyzer & Impedance meter)

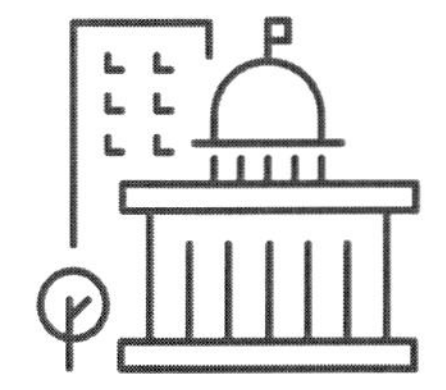

제 15 장

임피던스 분석기 & 임피던스 미터기(Impedance Analyzer & Impedance meter)

유선 도청기는 전화선, 전원선 또는 기타 배선 시스템에 직렬 또는 병렬로 연결되어 작동되는 전자부품으로서 선로상에 도청기가 설치되면 보통의 일반선로에 캐패시턴스와 인덕턴스 및 저항을 추가한 형태로 볼 수 있으므로 선로 임피던스를 측정할 경우 정상 선로(기준선로)보다 다른 측정값을 나타낸다.

정상 선로의 기준 임피던스 값은 지역 內 모든 선로에 대한 임피던스를 측정하고 평균을 구해 기준선로 값으로 정해 놓은 다음 각각의 선로 임피던스 값과 비교하여 이상 선로로 의심되는 선로는 해당 선로를 직접 따라가며 특이 전자 장치 설치 여부를 육안으로 확인하여야 한다.

통상 도청 장치는 실내 배선이나 콘센트, 소켓 등에 숨겨지는 경우가 많으므로 이런 장소는 보다 집중적인 탐색이 필요하다.

15-1 임피던스 분석기가 갖추어야 할 주요 기능

(1) 높은 정확도: 선로상의 매우 작은 임피던스 변화량도 측정 가능한 높은 정확도가 요구된다.

(2) 고해상도: 선로 임피던스의 세밀한 변화를 측정하기 위해서는 고해상도의 식별 능력을 갖춘 장비가 효율성이 높다.

(3) 사용 편리성: 직관적인 인터페이스 지원이 가능한 장비가 현장 활동에 적합하다.

(4) 내구성 및 휴대 간편성: 다양한 현장 사용을 감안, 파손에 강하고 휴대가 간편하게 제작된 장비 선정이 중요하다.

① Hantek 1832C **휴대용** 40kHz LCR **미터**

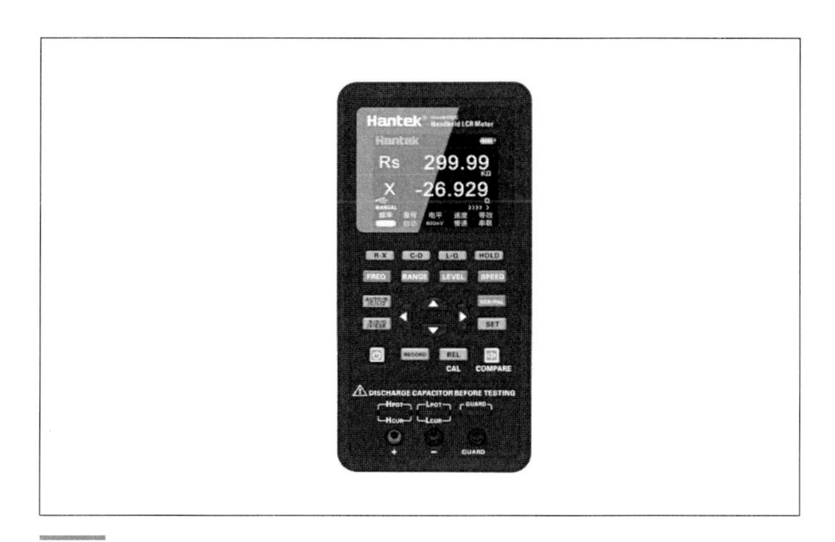

Hantek 1832C[1]

---

1 출처: https://www.hantek.com/products/detail/16180

○ 주요 기능

- 100Hz/120Hz/400Hz/1kHz/4kHz/10kHz/40kHz 테스트 주파수, 0.6 Vrms(실효전압) 테스트 레벨, 0.30% 정확도
- 1차 L/C/R/Z, 2차 X/D/Q/세타(P)/ESR[2]
- 4/2/1회/초 측정 속도, 수동/자동 측정, 3/5단자 테스트 리드
- 측정 범위: 0-2000H(L), 0-20mF(C), 0-20M Omega(R)
- 듀얼 디스플레이를 위한 2.8인치 TFT HD LCD 화면,
- 2시간 이내에 배터리 완전 충전

② RuoShui Handheld LCR Meter

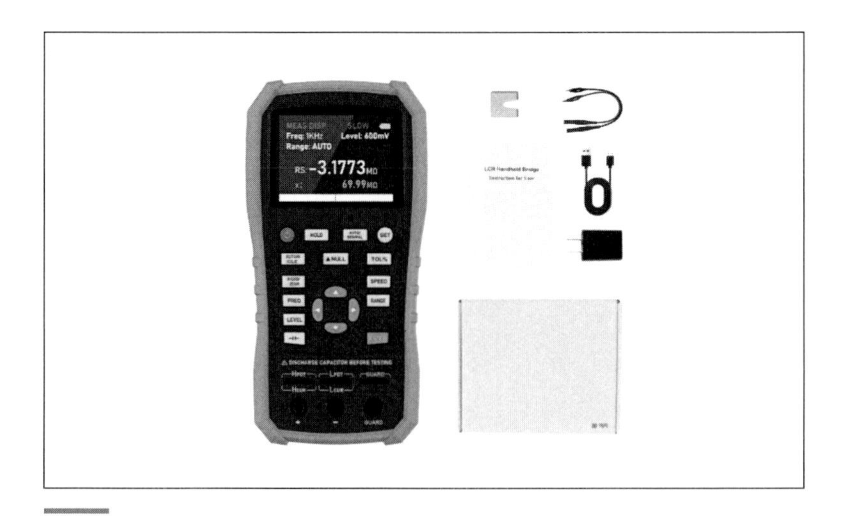

Handheld LCR Meter[3]

---

2 ESR(Equivalent Serial Resistance)은 LCR(인덕터, 캐패시터,저항) 소자의 내부저항으로 등가 직렬 저항이라고도 하며, 캐패시터를 교류 회로에 사용할 때 캐패시터의 성능에 미세한 영향을 주는 기생 직렬 저항 성분을 말한다.

3 출처: https://m.media-amazon.com/images/I/615bBOE8mEL._SL1500_.jpg

○ 주요 기능

- 100Hz, 120Hz, 1KHz, 10KHz, 40KHz, 100KHz의 테스트 주파수로 인덕터, 캐패시터, 저항 및 기타 전자부품 측정 지원
- 0.2%의 정확도
- 선명한 TFT 디스플레이 채용 사용편리성 강화
- 0.6 Vrms 디지털 브리지, 커패시턴스, 인덕턴스, 저항 멀티미터 테스터

16-1 휴대형 엑스레이 탐지 장비

제 16 장

휴대용 엑스레이 시스템 (美HDX International社)

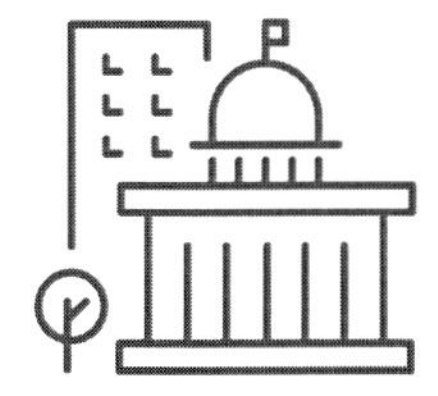

제 16 장

휴대용 엑스레이 시스템 (美HDX International社)

○ Milu PX3 휴대용 X-ray 검사 시스템

- 고급 X-ray 이미징 기술 적용
- 저선량 펄스 X-ray 소스 및 최첨단 디지털 이미지 처리 기능
- 도청 장치 탐지를 비롯 다양한 방식으로 은폐, 은닉된 전자기기 색출 유용

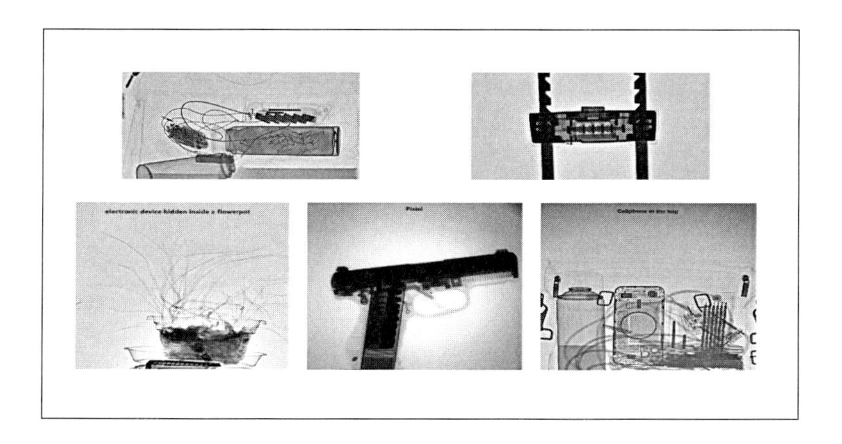

휴대형 엑스레이 시스템[1]

16-1 휴대형 엑스레이 탐지 장비

○ Handheld X-ray Imager PX-1(Videray Technologies)

- 휴대용 백스캐터 X-선 영상 장치로, 실시간으로 내용물 확인 가능
- 140keV의 X-선 소스를 사용, 철강, 알루미늄, 콘크리트, 탄소 섬유 및 플라스틱등 다양한 재료를 투과촬영
- Infinity 검출기를 통해 고해상도 이미지 제공
- 7인치 HD 터치스크린 채용 및 조작 편리성 우수
- Wi-Fi, 블루투스, GPS 및 USB 연결 지원
- 최대 6시간 동작 가능 야외 탐색 강화
- 은폐 도청 장치 탐지 및 보안, 군사 분야 탐색에 최적화

1 출처: https://hdx.ihongde.com/products/px3-portable-x-ray-system

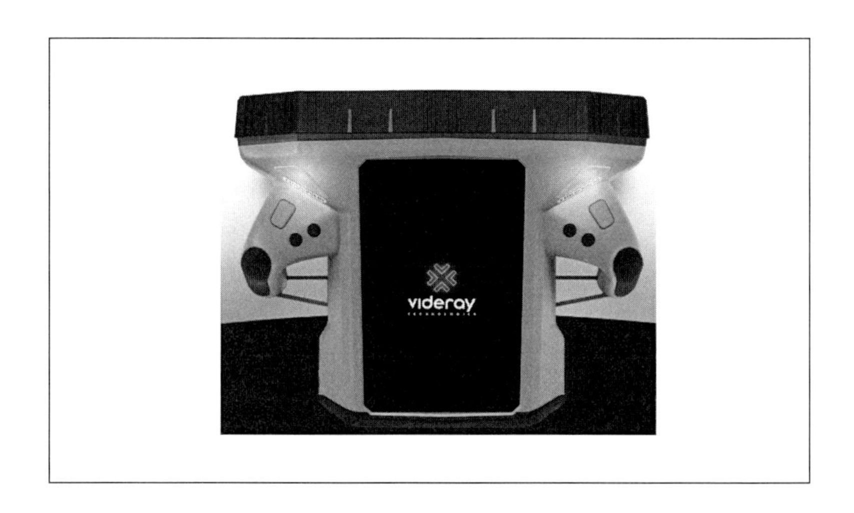

Handheld X-ray Imager PX-1[2]

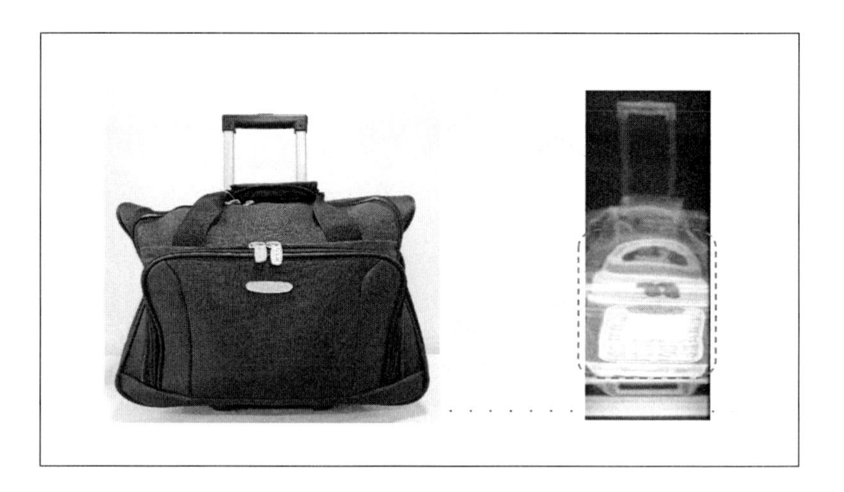

가방내부 촬영 사진[3]

2 출처: https://videray.com/

3 출처: https://videray.com/

이상으로 몇 가지 기본 장비를 소개하였지만 일부 탐지 전문가들은 도청 탐지의 신뢰성 보장을 위한 최우선 조건으로 高價장비 구매에 우선순위를 두는 경향이 높다.

물론 고가의 첨단장비는 도청측정의 신뢰를 높이는데 도움된다. 그러나 실제 수많은 현장 경험을 가진 필자의 판단으로는 최상의 장비가 반드시 최상의 측정 결과를 보장하지 않으므로 공격자의 의도를 충분히 분석한 바탕에서 어떤 방식으로 정보를 가로채려고 시도할 것인지에 대한 고민이 커질수록 측정 결과의 신뢰도를 제고할 수 있다는 점이다.

도청의 이해와 대응

17-1 도청 탐지 요청 접수(위협 요소 접수 및 평가자료 수집 단계)

17-2 의뢰인 직접 면담 및 계약(취약성 분석결과 확인 및 계약 단계)

17-3 도청 장치 적발 시 처리 방안 등 협의

17-4 대도청 측정 준비 단계

17-5 대상 목표 내부측정(실측정 단계)

17-6 비선형(NLJD) 소자 탐색

17-7 무선측정 단계

17-8 광섬유 마이크 도청기 탐색

17-9 유선 도청기 탐색

17-10 전력선 도청과 탐색

17-11 측정 장소 원상 복구 및 현장 브리핑

17-12 최종 도청 탐지 결과 보고서 송부(의뢰인 요청 시)

제 17 장

도청 탐지 절차

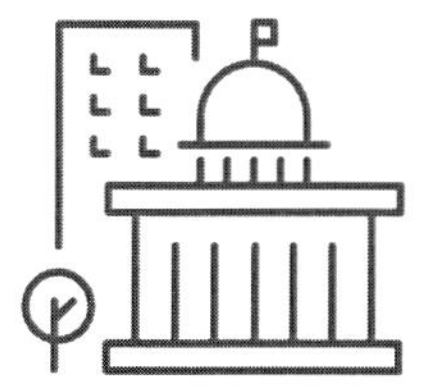

제 17 장

도청 탐지 절차

이제부터 기술하는 도청 탐지 메뉴얼은 개인 중심의 탐지 요청에 대한 절차를 중점적으로 다룬 것이므로 기업이나 사회 단체를 대상으로 한 탐지 절차는 이를 참고하되 현장 상황에 따라 새롭게 구성하여 대응할 것을 권고한다.

17-1 도청 탐지 요청 접수(위협 요소 접수 및 평가자료 수집 단계)

첫 번째 접수 단계에서는 의뢰인 요청 사항을 청취하고 대도청 측정 수준을 결정하기 위한 평가 자료 수집에 중점을 둔다는 자세로 임해야 하며, 현장 측정을 위한 기본정보 제공 동의와 측정팀의 보안 유지 의무 등을 함께 고지하고 상호신뢰를 바탕으로 한 계약에 따라 후속 조치가 진행될 수 있다는 점을 충분히 설명하여야 한다.

□ 도청 탐지 요청 접수 시 주안점

의뢰인의 도청 탐지 요청 배경을 심도 있게 청취, 대도청 측정 방향을 결정하기 위한 기본 자료를 확보한다.

도청 탐지 의뢰 배경은 탐지 방향 결정에 가장 큰 영향을 미치는 요소인 만큼 추정 가능한 모든 경우의 수를 예상하여 의뢰자 요구사항과 관련된 기본 자료를 최대한으로 확보한다는 원칙으로 임해야 한다.

여기서 기본 자료란, 의뢰인이 대도청 측정으로 기대하는 측정 결과의 신뢰성과 안전성을 보장하기 위한 유/무형의 관련 정보 일체를 포함하는 것으로 사전에 기본 자료 수집과 검증이 충실하게 이뤄질 때 의뢰인의 요구사항을 만족시키는 결과가 도출될 수 있다.

※ 필요하다고 판단될 경우 의뢰자 동의하에 녹음할 수도 있다.

도청 탐지 요청 접수 이후에는 기본자료를 중심으로 법률상 위반 되지 않는 범위 내에서 의뢰인의 페이스북, SNS 등 공개자료 검색을 통해 의뢰인 주변의 기업, 사회단체 등과의 갈등, 사회적 비난, 소송 진행 여부 등을 확인하여야 한다.

또한 탐지의뢰 시점 이전부터 의뢰자 주변 인적 자원에 의한 모든 침해 가능성(친·인척간 갈등 등)을 대도청 측정 수준과 범위를 결정하는 기준 자료(투입 인원, 기간, 예상비용 등)로 확보한 다음 본 계약 시 참고 자료로 활용한다.

17-2 의뢰인 직접 면담 및 계약(취약성 분석결과 확인 및 계약 단계)

대상 목표와 연관 없는 외부 시설 또는 긴밀한 보안이 유지되는 별도의 장소에서 의뢰인을 직접 만나 본 계약을 체결하는 단계로서, 의뢰인이 가장 편한 마음을 가질 수 있도록 장소 선정(독립공간)에 각별한 배려가 요구되며, 대도청(對盜聽) 전문가가 직접 면담을 진행한다는 점을 고지, 신뢰감과 안정감을 심어주어야 한다.

※ 의뢰인과의 직접 면담은 도청측정 요청 접수 후 1주일 이내로 실시하여야 한다.

직접 면담 시 첫 번째 업무는 세부적인 도청측정 대상 및 장소, 기간, 탐지 비용 등 기본계약서를 작성한 후 업무 개시 기준과 절차 등을 명확하게 주지하여야 한다. 계약서는 특약 사항이 없는 경우 일반 용역 계약서로 작성할 수 있다.

의뢰인 직접 면담[1]

---

1 출처: https://cdn.pixabay.com/photo/2015/01/08/18/11/laptops-593296_1280.jpg

면담은 의뢰인이 피해를 호소하며 사건 해결 또는 사전 예방 및 보안대책 등을 자문받기 위해 도청 측정을 요청했다는 사실을 염두에 두고 의뢰인의 요구사항을 최대 수용한다는 자세로 진행시켜야 한다.

※ 의뢰인과 충분히 공감한 상태에서 상호신뢰를 바탕으로 취약성을 도출하고 인식을 같이할 때 측정 결과에 대한 퀄리티와 안전성을 담보할 수 있다.

직접 면담 시 사전에 공개자료 등을 통해 입수한 의뢰자 주변 상황 및 관련 정보의 사실 여부를 확인하고 목표 대상 또는 목표 지역에 대한 접근통제 절차 등 일상적 보안 관리 실태를 청취한다.

만약 기밀 유지가 필요하다고 판단될 경우 의뢰인 및 가족들을 대상으로 측정 절차 등 세부 일정을 설명하고 측정 활동에 대한 기밀 유지 및 협조를 당부한다.

※ 의뢰자 및 가족 대상으로 항목별 탐지 절차와 측정 방법 등을 세부적으로 설명하는 것은 측정 결과에 대한 신뢰감을 심어주기 위한 조치이다. 하지만 보안이 필요할 경우에는 그러하지 아니할 수 있다.

대도청 측정의 완성도는 의뢰인의 투명성이 높을수록 안전성이 확보된다는 점을 충분히 설명하고 대도청 측정팀 또한 고객 정보에 대한 보안 유지 의무를 고지함으로서 상호 신뢰하에 측정을 진행될 수 있도록 이끌어야 한다.

또한 다시 한번 도청측정 의뢰 목적을 재확인하고 계약서 단서 조항(성과보수 등) 등 미진한 부분에 대해서는 양자 간 합의하에 계약서 작성을 마무리한다.

※ 도청측정 의뢰 목적 재확인은, 사전에 확인하지 못한 개인정보 및 프라이버시 침해 가능성 등 도청 탐지 및 결과에 영향을 미칠 수 있는 내용이나 숨겨진 다른 문제점이 없는지 여부를 최종 확인하기 위함이다.

※ 또한 의뢰자의 숨겨진 문제점이나 의도 등이 투명하게 규명되지 않을 경우 오히려 의뢰인과 관계 있는 주변인 등으로부터 불법침입 혐의 등으로 고발당하는 상황도 발생할 수 있다는 점을 염두에 두고 세밀하게 확인하여야 한다.

측정 진행 중 계약 내용 이외의 추가 측정 요구 또는 측정 대상 조정이 필요할 경우, 양자 간 합의를 통해 이견을 조정하고 변경 내용을 문서화함으로써 의뢰인과 분쟁의 소지를 원천 차단토록 조치하고 추가 또는 변경된 내용은 측정 종료 선언 시점까지 유효하다.

기본적으로 계약서에는 도청 탐지 결과 외부 공개는 반드시 對도청 측정팀과 사전 협의를 거쳐야 한다는 사항을 명시하여야 한다. 대도청 측정 비용은 계약금과 잔금으로 구분, 측정 前 완납 조건이 원칙이다.

17-3 도청 장치 적발 시 처리 방안 등 협의

도청기 처리 방안 등 문서화[2]

도청 장치와 불법 카메라 적발 시 처리 방안 등을 협의하는 단계로써 적발된 도청 장치와 불법 카메라 처리는 법률상 위배되지 않는 범위 내에서 의뢰인 요구를 충실하게 반영하여 처리함을 원칙으로 한다.

다만, 적발된 도청 장치가 국익과 관련되거나 기타 현행법 위반이 명백하다고 판단될 경우 경찰 수사 의뢰토록 조언하고 도청기 색출/적발 현장을 영상으로 채증, 추후 증거로 활용될 수 있도록 지원하며 실물과 영상 자료는 상호 협의하에 탐지 성과 및 교육자료로 사용될 수 있음을 고지하여야 한다.

---

2 출처: https://www.pexels.com/ko-kr

17-4 대도청 측정 준비 단계

준비 단계는 본 측정 개시 이전에 무선 측정 장비를 동원, 대상 목표 주변을 실제 방문하여 해당 지역에 대한 전파환경을 확인, 본 측정 시 비교 자료로 활용키 위한 단계이다(통상 본 측정 1~2일 前 실시).

측정장소는 대상 목표 200m 이상 떨어진 지점 2개소 이상 또는 대상 목표보다 고도가 높은 곳을 선정하여 무선주파수 현황을 파악하는 것을 기본으로 한다. 이때 목표 주변에 위치한 잠재적인 위협요인(인근 건물과의 거리, 각도, 내부 투시 가능성 등)에 대한 기초 정보를 확인하고 의뢰인 입장을 반영한 보안 취약성 여부를 분석, 측정 자료로 확보한다.

※ 의뢰자가 자연인일 경우에는 지역사회 및 주민들과의 갈등 여부 등도 함께 검토, 기본 자료로 확보하여야 한다.

사전 전파환경 측정 과정에서 확인된 軍, 警察, 항공, TV, 라디오 방송 및 국가 재난통신망, 아마추어 무선망 등 공개적으로 알려진 채널 및 주파수는 우호 전파로 정의한 다음 내부 측정 시 특이전파가 탐지될 경우 비교 분석 자료로 활용한다.

※ 사전 전파환경 측정은 상황에 따라 당일 대도청 업무 시작 前 현장 측정으로 대체할 수 있다.

□ 도청 탐지를 위한 보조 물품 준비

도청 탐지는 측정 장비가 가장 큰 역할을 하지만 측정 보조장비를 제대로 갖추지 않고 출동할 경우 다양한 현장 상황을 장악하지 못해 측정 결과의 부실을 초래할 수 있으므로 다음의 보조장비는 반드시 측정자가 직접 준비하고 확인하는 것을 원칙으로 한다.

○ 도청 탐지를 위한 보조 장비 및 물품

- 사다리(최소 3m 이상 3단 접이식)
- 고무망치(이상신호 발신지 확인 및 무력화 조치에 사용)
- 반사경(거울과 손잡이가 각각 다른 방향으로 회전 가능한 1m 이상 길이 권장)
- 커터 칼, 벽체 및 바닥용 퍼티(원상 복구용), 실리콘, 줄자(10m 측정 가능)
- 전동드릴(부속품 일체)
- 드라이버, 검전 드라이버(220V), 플라이어, 벤치, 니퍼 등 일반 전기공구 세트
- 전원 연결 확장코드(원통형 길이 10m 규격), 일반 테스터, 디지털 녹음기
- 전선용 테이프, 접착제
- 손전등(미니 및 중형), 헤드형 플래시
- 인식 표시용 수성펜 등
- 이상징후 등 측정과정 기록용 수첩 및 노트
- 대상별 체크리스트

17-5 대상 목표 내부측정(실측정 단계)

실측정 단계는 대상 목표 또는 지역을 사무실, 회의실, 주거시설 등으로 구분하거나 각각의 지역을 균등 분할한 다음, 물품 종류별 측정 순위를 부여하여 대응한다.

유/무선 측정 장비, 비선형소자 탐색 장비, 영상탐지 장비, 기타

측정 보조장비, 최종 육안 검색 등 현장 상황에 따라 순차적으로 진행하여야 하며 체크리스트 작성 등 세밀하게 준비하여 누락 지역이 발생하지 않도록 주의해야 한다.

※ 개인물품은 의뢰인 동의하에 내부 확인하여야 한다.

측정 시작 前 대상 목표 내부에서 운용 중인 와이파이 중계기 및 블루투스 기기 등 일체의 전파 발신원은 Off로 전환하고 현장 내 모든 휴대폰도 off 또는 비행기 탑승 모드로 전환, 불필요한 전파 간섭을 최소화시켜야 한다.

① 1차 탐색(상시 비치 물품 및 비품)

- 의뢰인 사용 책상, 각종 필기구, 서류정리함 등
- 상패, 명패, 감사패, 위촉패, 외부 반입 전시품, 비치용 선물류
- 책상 위 분재 화분, 축하난 등

② 2차 탐색(전원사용 물품 및 비품)

- 앰프, 소형라디오, 알람 시계, 탁상 전등, 충전기
- 복사기, 파지기, 팩시밀리, 컴퓨터, 모니터, TV, 멀티 전원코드
- 커피 포트, 냉온수기, 제습기, 가습기
- 와이파이, Bluetooth 연결기기, USB형 와이파이 신호 증폭기
- 실내 냉온방기, 온열기, 공기청정기, 안마기, 족욕기, 발마사지기 등
- 실내 각종 제어장치(온도조절기 등), 각종 리모콘 종류 일체

가정용 전자기기 및 전원사용 모든 물품은 촉수 및 육안 검사 필수(해당제품 on/off 시 특이 주파수 등 이상 신호 출현 여부 긴밀 관찰)

③ 3차 탐색(無電源 물품 및 비품)

- 의자, 소파, 탁자, 서랍장, 책장, 장식장, 스탠드형 옷걸이(내부 포함)
- 카페트, 커튼 및 블라인드 고정장치, 커튼 걸이(봉형 내부)

④ 4차 탐색(바닥, 천정 및 벽체 고정 물품)

- 벽체(수리 및 보수흔적 등), 문설주, 경첩, 환풍구, 연기감지기
- 벽걸이 액자, 그림, 사진 판넬
- 천정 보드, 천정 내부, 공기 순환 환기 덕트
- 창문 프레임(특히 창문, 창틀 프레임의 과다한 실리콘 처리 여부 등 면밀 관찰 필요)
- 천정 실내 스피커 변형, 실내등 내부 비정상 배선 여부 등
- 벽지부착 상태(변형, 손상 및 복구흔적 등) 촉수 검색

⑤ 불법 카메라 등 영상 장비 설치 여부 탐색

불법 영상 장비 탐색은 공격자 시각에서 대상 목표를 중심으로 최상의 촬영각을 유추한 다음 중심점 맞은편에 pinhole 생성 또는 이상 불빛 반사 여부 등을 정밀 탐색하여야 한다.

※ 불법 카메라 세부 탐색은 제19장 '불법 촬영 카메라와 탐지' 및 제20장 '공중화장실 등 불법 카메라 탐지' 편 참조.

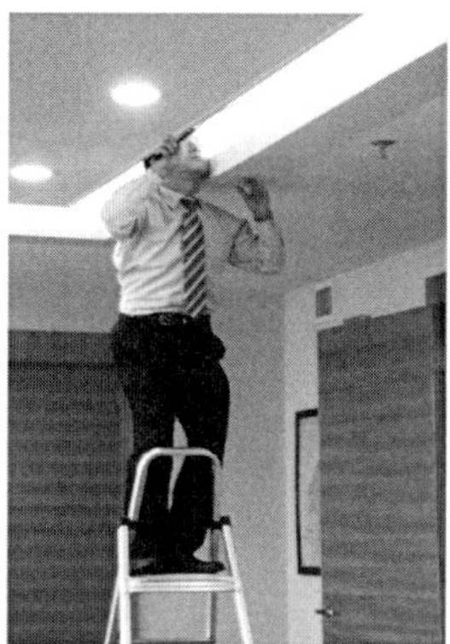

OO 기관 도청기 은닉 여부 탐색

17-6 비선형(NLJD) 소자 탐색

이상 주파수에 대한 전계 강도 측정과 열화상 측정, 선로 임피던스 측정 등 모든 장비를 동원하여 1차 측정을 마친 다음에는 비선형 접합 소자 탐지기 NLJD(Non-Linear Junction Detector)를 사용함으로써 최종적으로 도청 장치 설치 여부에 대한 확인 작업을 마치게 된다.

17-6-1 비선형 접합 소자 탐지기란 무엇인가

비선형 접합 소자 탐지기는 도청기 의심 물체 또는 도청기가 은닉되어 있을 것으로 추정되는 지역에 특정 고주파를 송신할 경우 일반 도체 등 단순 금속 재질은 선형특성의 반사 파형을 방사하지만 내부에 P-N 접합 반도체 등 전자부품이 존재할 경우 비선형의 특성을 가진 고조파가 반사되는데 이를 구분하여 시각적으로 표시해 주는 탐지 장비를 말한다.

※ 플라스틱이나 고무 등 비금속 물질은 방사주파수를 흡수하기 때문에 고조파가 발생되지 않는다.

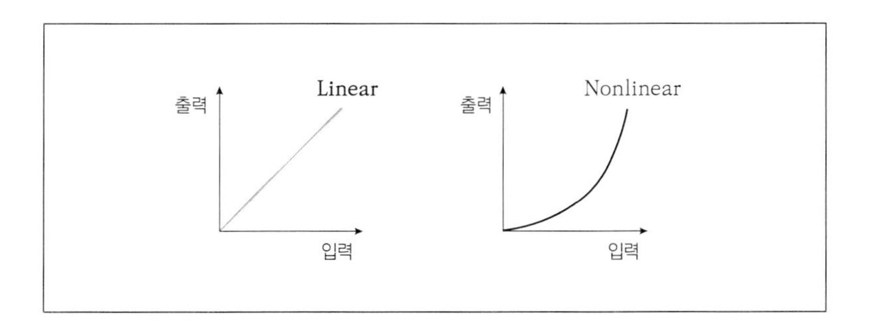

일반물체와 전자부품의 비선형그래프 특징[3]

NLJD 기기에서 특정 고주파를 송출하면 반도체 접합 또는 전자부품의 경우에는 제2고조파가 제3고조파 세기보다 더 크게 나타나고 일반 금속류 접합에서는 제3고조파가 제2고조파보다 더 크게 나타나는 특성을 나타낸다.

17-6-2 비선형 접합 소자 탐지 장비 운용

탐색 목표를 중심으로 2~4초당 15㎝ 이내 좌/우로 Sweeping을 실시하며 측정장비에 표출되는 전계강도 레벨미터에 따라 2, 3고조파 파형을 시각적으로 비교하여 도청 장치로 의심되는 전자장

---

3 출처: http://www.rfdh.com/bas_rf/begin/harmonic.htm

치 존재 여부를 판단할 수 있다.

측정 지역과 주변 상황에 따라 간혹 비선형 특성을 보이는 경우가 있는데 고무 또는 나무 망치 등으로 수차례 가볍게 가격한 다음 재측정에서 정상 반응을 보인다면 내부의 금속 산화물에 의한 반응으로 판단되지만 계속해서 비선형 소자 특성을 보인다면 개봉하여 검색하는 조치가 필수적으로 수행되어야 한다.

다음 그림은 비선형 소자탐지 장비로 스마트폰에 방사했을 경우 나타나는 제2고조파와 제3고조파의 특성을 보여주고 있다.

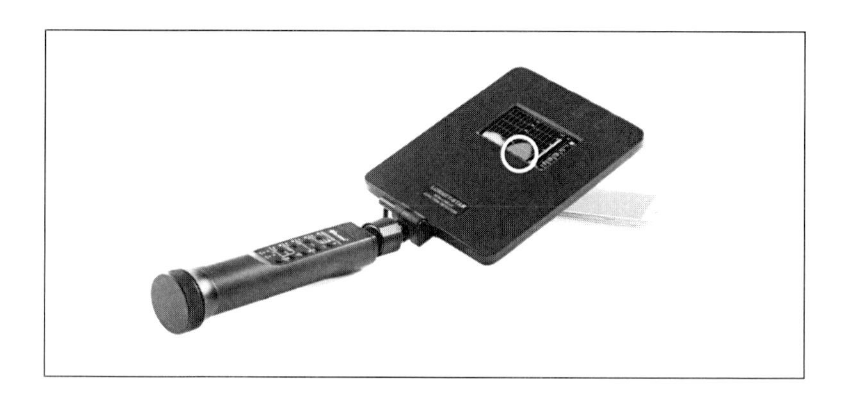

「LORNET-STAR」 스마트폰 탐색 결과 사진-2고조파(흰색 동그라미 표시)가 더 강하게 표시

17-7 무선측정 단계

일반적으로 무선형 도청기 탐지를 위해서는 0~6GHz 범위의 스펙트럼 분석이 가능한 장비를 가장 많이 사용해 왔으나 최근에는 정보통신기기의 급속한 발전과 다양한 통신방식의 출현에 따

라 25GHz 주파수 대역까지 분석 가능한 장비로 확대되고 있는 추세이다.

무선 측정의 첫 단계는 대상 목표 중앙 위치에서 보유 중인 무선탐색 장비 주파수 대역 전체를 스캔, 외부에서 1차 측정한 전파 환경과 비교하여 이상 전파 출현 여부를 체크하는 것부터 시작된다.

탐지 구역 내부에서 출처가 불명확한 이상 주파수가 발견될 경우, 내/외부 신호 여부를 최우선으로 판단해야 하는데 탐지된 신호가 목표 내부 여러 곳에서 동일한 신호레벨을 나타낸다면 통상 외부 유입 신호일 확률이 높지만 만약 신호강도가 방향성을 타는 등 발신지 추적에 혼선을 준다면 도청 신호 가능성도 배제할 수 없으므로 해당 지역의 주파수 분배 현황(정보통신부 산하 한국전파진흥협회[4] 주파수 분배표 참고)을 참고, 추적 여부를 판단하여야 한다.

※ 해외 측정 작업일 경우에는 해당국의 주파수 현황 사전확보가 필요하다.

이상 전파 위치 확인은 전계 강도 레벨미터 또는 사운드 크기에 따라 전계 강도를 표시해 주는 지향성 측정 장비를 활용하여 발신지를 최대한 압축한 다음 촉수 검색과 육안 검색을 병행하며 발신원을 추적, 색출한다.

---

4 한국전파진흥협회: https://www.spectrum.or.kr/bbs/board.php?bo_table=reference

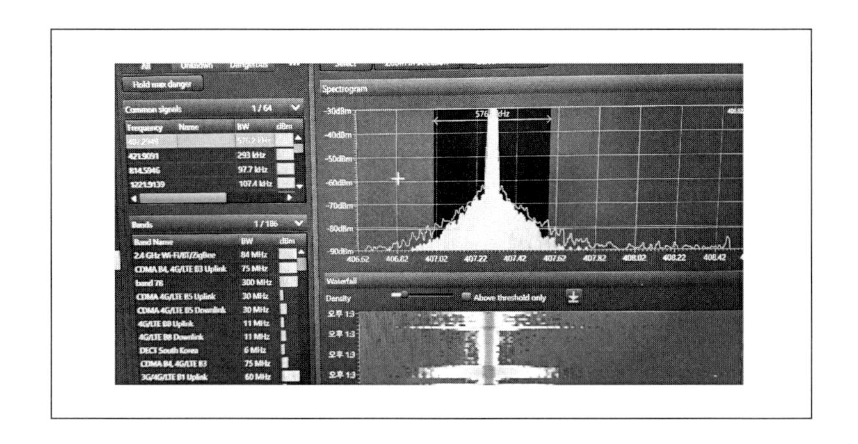

407.294MHz 사용 이상 주파수 스펙트럼 실 측정 사진

육안 검색을 통해 도청 장치를 색출한 이후에도 탐색 요원은 적발된 도청 장치 외에 추가로 도청기가 설치되어 있을 가능성을 염두에 두고 접근해야 한다는 점을 잊어서는 안 된다. 이는 외부 침입에 의해 도청 장치가 설치되었다면 공격자가 1개의 도청기만 설치하지 않았을 확률이 매우 높기 때문이다.

치밀한 공격자는 쉽게 찾을 수 있도록 미끼용 도청기를 설치해 놓은 다음 본래 목적의 정밀 도청기를 더욱 은밀한 장소 또는 전혀 다른 공격(주파수 호핑, 변형 변조방식 등 적용) 방식으로 추가 설치하여 탐색자를 기만할 수 있다.

도청기 설치가 의심되는 지역에 대해서는 반드시 육안 검색을 실시해야 하며 물리적 탐색이 어려운 장소는 내시경 카메라, 손전등, 반사경 등을 동원하고 여의치 않다면 기본 공구를 활용, 해체하여 확인해야 한다.

도청기 탐색은 공격자가 시도하는 전혀 예상 밖의 접근과 교묘한 회피 공격에 맞대응하기 위한 활동으로 공격자와 탐지 전문가 사이의 치열한 수 싸움이므로 조금이라도 미심쩍다면 탐지자는 동원 가능한 모든 장비를 사용하여 최종 안전성을 확보한다는 자세로 대응해야 한다는 점을 강조하고자 한다.

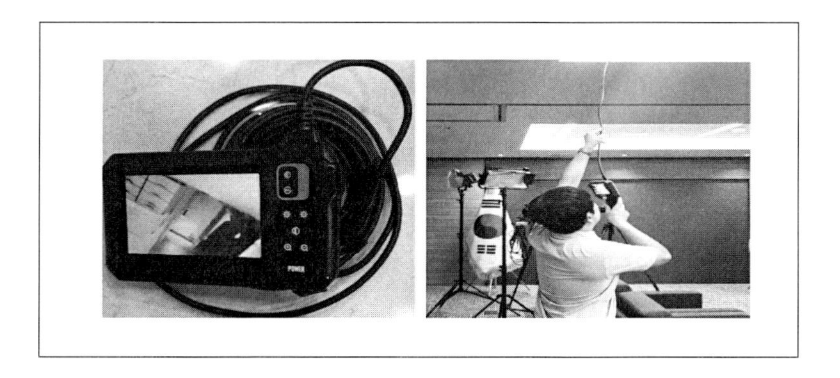

내시경 카메라 활용 도청기 탐색

□ 가장 많이 사용되는 도청주파수 스펙트럼과 Waterfall

① DSSS(Direct Sequence Spread Spectrum, 직접 시퀀스 확산 스펙트럼 방식)

DSSS는 원래의 신호에 전송 주기가 아주 짧은 펄스열의 디지털 신호(확산코드)를 곱해(XOR) 이를 연속적으로 생성(Sequence)되도록 한 다음 原 신호의 대역폭을 확산(Spreading)시켜 각 주파수 당 전력 밀도가 낮은 확산 대역 스펙트럼 신호를 송신한다.

수신부에서는 확산 신호를 수신한 다음 신호 전송 시 사용된

펄스열과 완전히 일치하는 펄스열을 다시 곱해주어 원래의 신호가 복조되도록 조치함으로서 통신망이 구성되는 방식이다.

또한 변복조에 사용되는 펄스열 자체가 일종의 암호(code)로 작용됨으로써 이 암호가 없으면 이론적으로 원신호의 복조가 불가능하며 인접 주파수에 의한 간섭 신호에 강한 특성을 가지게 된다.

□ 직접 확산 스펙트럼 변조의 특징

- 기존 RF 신호는 신호가 단일 주파수에 집중되어 신호세기가 크지만, 확산대역 신호는 넓은 대역으로 매우 약하게 확산되는 형태로써 스펙트럼상으로는 낮은 전계 강도를 가진 광대역 잡음으로 잘못 인식하게 하는 변조방식으로 보안성이 높다.
- 송신신호를 전 대역폭에 걸쳐 전송함으로 효율성은 다소 떨어지지만 신호대 잡음비(S/N)가 좋고 DSSS 생성 시 처음 주입신호가 다르다면 같은 주파수 대역에서 다수의 채널을 운용할 수 있어 CDMA 방식에 많이 사용된다.
- 송신주파수가 일반잡음으로 보이고 보안성이 높아 도청주파수로 많이 사용되고 있으므로 탐색 현장에서 승인되지 않은 하기 스펙트럼 형태를 나타내는 주파수 대역은 관심을 갖고 발신지 추적 등 심도 깊은 확인 조치가 필요하다.

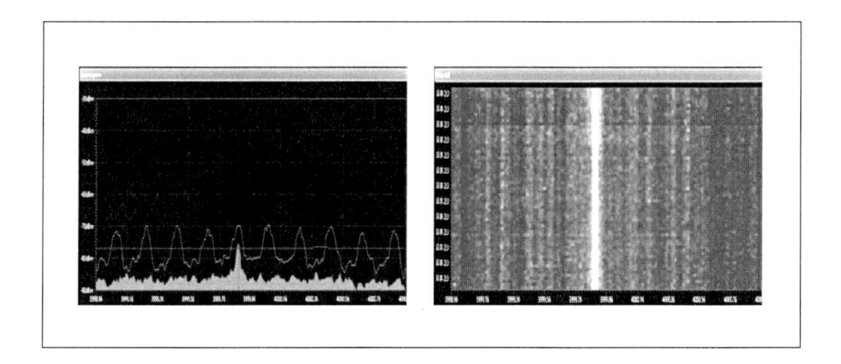

DSSS 변조방식 스펙트럼과 Waterfall

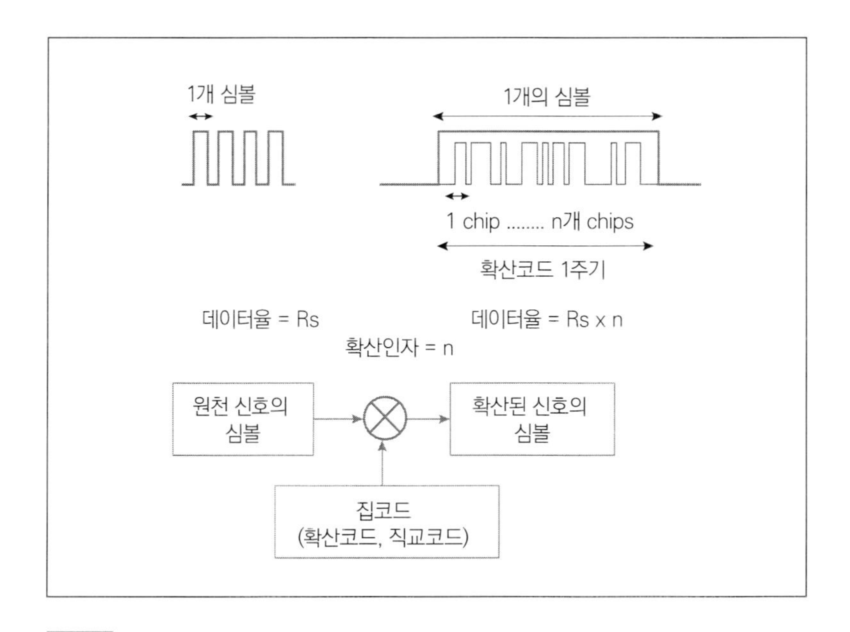

직접 확산 변조 동작 방식[5]

5 출처: http://www.ktword.co.kr/test/view/view.php?m_temp1=1564&id=386

② FHSS(Frequency Hopping Spread Spectrum 주파수 도약 스펙트럼 방식)

FHSS는 국제 전기전자공학자협회[6](IEEE) 정의에 의하면 송신 주파수를 고정하지 않고 시간에 따라 디지털 전송신호의 중심주파수를 특정 주파수 대역 내에서 계속 도약시켜 가는 스펙트럼 확산대역 방식이다.

DSSS 방식에서는 암호 펄스열을 직접 곱함으로써 비화 특성이 생기지만, FHSS 방식에서는 이러한 펄스열이 주파수열로 입력되게 된다. 즉 암호 펄스열이 지정하는 대로 전송주파수가 실시간으로 계속 변화하기 때문에, 이 암호 코드가 없으면 어떤 주파수를 사용하여 전송 중인지 알 수 없다.

송신 방식은 사전에 정해진 순서에 따라 초당 수 백회에서 수천회 이동하며 순간적으로 송신하고 수신 측에서는 각각의 호핑 채널로 분산되어 수신되는 신호를 송신측과 같은 순서로 조합하여 해독하는 방식으로 진행된다.

호핑 주파수 스펙트럼은 짧고 지속적으로 변동하기 때문에 정확한 전계 강도 측정이 어렵고 불규칙한 파형의 특성으로 도청 주파수로 사용되는 경우가 많다.

□ 주파수 호핑의 장점

- 사전에 정해진 호핑 코드에 따라 한 주파수에서 짧은 시간 동

---

6 IEEE 전기전자공학자협회(Institute of Electrical and Electronics Engineers)는 전기/전자/전산 분야 국제 기구

안 순각적으로 전송하고 즉시 다른 주파수로 이동하는 방식을 지속적으로 수행한다.

- 송신기와 수신기 사이의 동기화가 맞지 않는다면 상호 통신할 수 없는 등 보안성이 높으며 전파방해나 잡음에 의한 간섭을 최소화 시킬 수 있고 상대적으로 저렴한 가격으로 제작이 가능, 가성비가 높다.
- 주로 WPAN(Wireless Personal Area Network), Bluetooth 용도로 사용되지만 Jamming[7]에 강해 전파방해에 대한 내성이 요구되는 군사 통신망 또는 특정 목적의 도청주파수로 많이 사용된다.

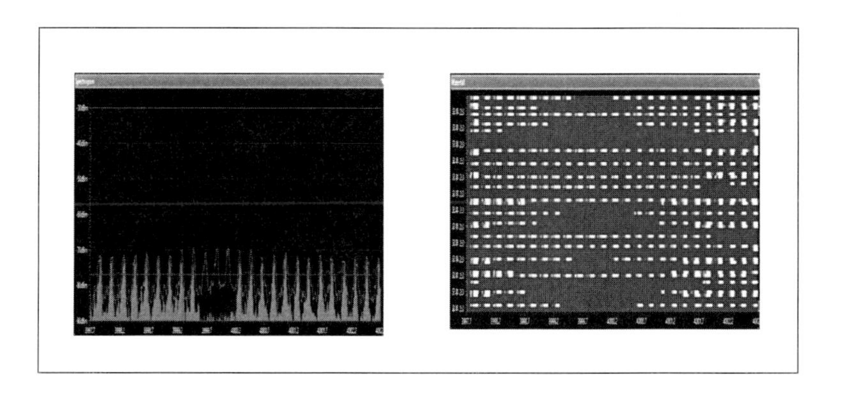

FHSS 스펙트럼과 Waterfall

7 재밍: 전파를 방해하는 기술로, 특정기기나 대상 또는 장소에 강력한 방해 전파를 방사하여 무선 및 각종 전자기기의 오작동을 일으키게 한다.

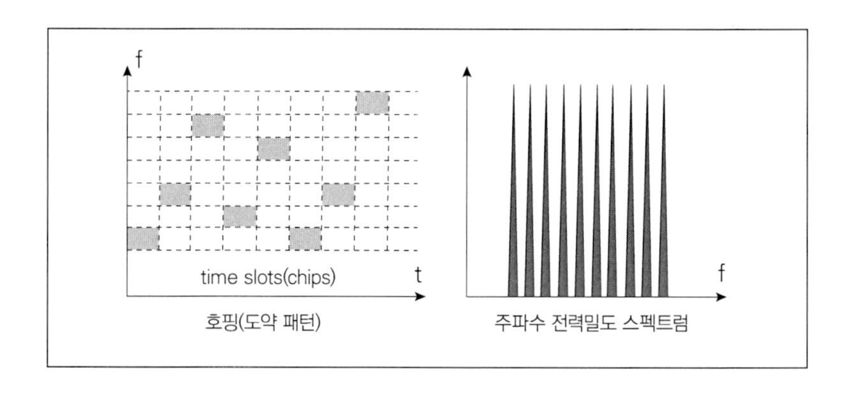

주파수 도약 스펙트럼[8]

③ QPSK(Quadrature Phase Shift Keying, **직교위상편이 변조**)

QPSK는 2개의 비트를 한번에 변조하여 4개의 반송파 위상편이(0°, 90°°°, 180°, 또는 270도) 중 하나를 선택하는 위상편이 방식으로 동일한 대역폭을 사용할 경우 PSK(위상편이변조) 방식보다 2배 많은 정보를 전송할 수 있다. 주로 디지털 무선 통신망의 위성 전송에 사용된다.

□ QPSK 특징

- 포락선[9]이 일정하게 나타난다.
- 위상 잡음 등 잡음 환경에 강하다.

---

8 출처: http://www.ktword.co.kr/test/view/view.php?no=1573

9 포락선: 개개의 파형이 합쳐지거나 무리지어진 임의신호의 최대값을 연결하여 구성된 곡선으로, 각각의 파형들이 바깥을 감싸듯이 나타나는 형상을 보임

- 다중경로 페이딩 왜곡 및 잡음에 대한 강한 면역성이 높다.
- 주로 고속의 전송에 사용, 대역 효율성이 좋다.

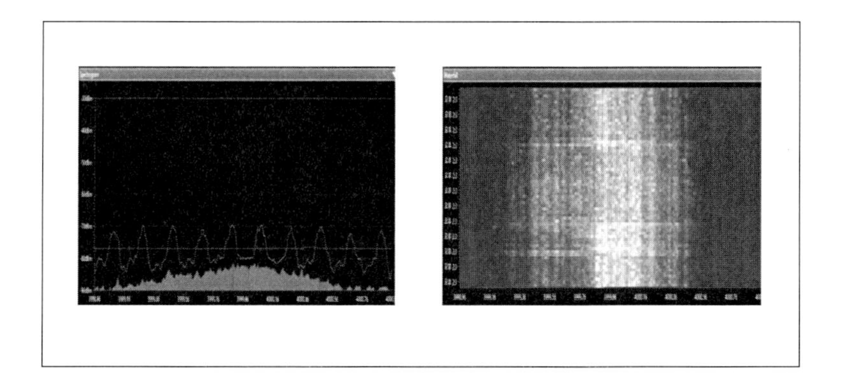

QPSK 스펙트럼과 Waterfall

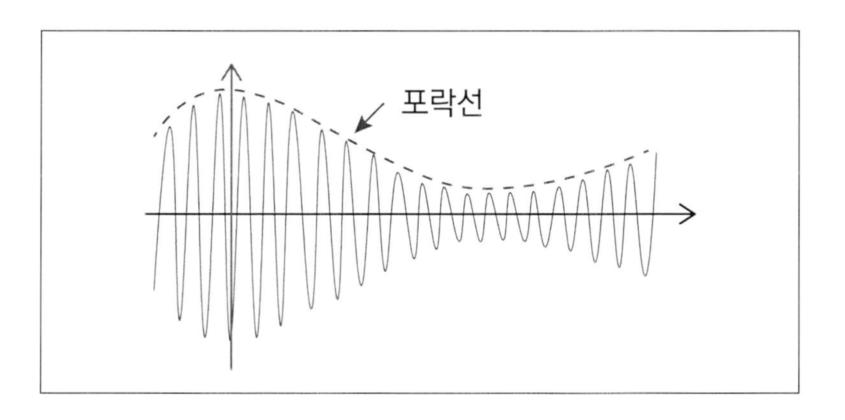

포락선

□ 이상주파수 출현 시 변조 방식, 스펙트럼 분석, 전계강도 분석을 통한 탐색

① 변조 방식에 따른 분석

승인되지 않은 주파수가 출현할 경우 주파수에 대한 변조 방식(AM, FM, QAM, PSK 등)을 추정하고 데이터 종류(비디오 또는 음성신호)를 파악해야 하는데 스펙트럼을 실시간으로 확인할 수 있는 분석장비 등을 활용하여 변조 특성을 특정한다.

주파수 변조 방식에 대한 분석이 필요한 이유는 대부분의 송신장비가 사용 목적과 의도에 따라 효율적인 변조 방식을 채택하기 때문이다.

- AM/FM 변조: 간단한 구조로 제작이 용이, 미승인 송신기에 많이 사용
- FSK/ASK 변조(Frequency/Amplitude Shift Keying): 저전력 데이터 송신장비(예: RFID, 무선센서, 리모콘 등)에 주로 적용되며 도청 주파수로 사용되기도 한다.

※ FSK와 ASK는 설계의 단순성, 낮은 비용, 은밀성을 이유로 무선 마이크, 소형 RF 송신기의 변조 방식에 주로 사용(433MHz, 315MHz 대역의 저가형 송신모듈이 판매되고 있음)

- QPSK/QAM(Quadrature Phase/Amplitude Modulation): 고속 데이터 전송(Wi-Fi, LTE, 디지털 비디오 전송)에 많이 사용되고 있으며 만약 해당 지역에서 승인되지 않은 전파로 판단된다면 정밀 도청기로 간주하고 세밀한 탐색이 요구된다.
- FHSS(Frequency Hopping Spread Spectrum): 보안성이 높고

탐지 회피에 효과적이기 때문에 주로 디지털 도청 장비나 무선 감시 카메라 등으로 사용되므로 승인되지 않은 호핑 주파수는 정밀 탐색이 필요하다.

- DSSS(Direct Sequence Spread Spectrum): 신호 은폐와 데이터 보안성이 높아 도청 장치 변조 방식으로 선호되는 대역이므로 신중한 탐색이 요구된다.

② **스펙트럼 분석**(Frequency Spectrum Analysis)

스펙트럼 분석은 이상전파 탐색에 가장 효과적으로 사용되는 방법으로 측정 지역의 전체 주파수 대역에서 승인된 정상 신호(배경 노이즈 포함)와 비정상 신호의 스펙트럼을 비교함으로써 구별할 수 있는데 이는 주파수 변화패턴, 대역폭의 크기와 모양새, 송신주기의 지속 또는 간헐적 여부 등을 통해 이상전파 출현 여부를 파악할 수 있다.

③ **전계 강도**(Field Strength) **분석**

전계 강도 분석은 도청기 설치 위치를 가늠하는 데 유용하게 활용할 수 있는데 전계 강도를 시각적으로 표시하는 RF 디텍터 장비와 Handheld 안테나를 결합하여 특정 주파수를 발신하는 송신기 색출 시 사용된다. 하지만 주변에 전자파가 쉽게 반사되거나 전파 환경에 영향을 주는 지역에서는 전계 강도 변화가 왜곡 현상을 보이기도 하므로 전계 강도 분석은 신중하게 진행하여야 한다.

이상 주파수 발신원 색출은 스펙트럼 분석으로 미승인 신호의 기본 특성을 파악한 다음, 변조 방식 분석으로 신호 특성과 장비 유형을 추정하고 이를 바탕으로 전계 강도 측정을 통해 이상 주파수 발신원을 추적, 색출하는 절차로 진행하는 것이 가장 효율성이 높다.

□ 일반적으로 사용되는 도청 주파수 대역

① VHF **대역**(30MHz~300MHz)

대부분 구형 아날로그 도청 장비에서 많이 사용되는 주파수 대역으로 제작 비용이 저렴하고 송신 거리가 길다는 장점이 있으나 아날로그 특성상 보안도가 낮은 도청장치에서 많이 사용되고 있다.

② UHF **대역**(300MHz~3GHz)

낮은 소비전력으로도 신호의 민감도가 높고 방향성이 좋아 은폐 설치에 유리하여 도청기 및 무선 카메라 주파수 대역으로 주로 사용되고 있으므로 미승인 주파수 출현 시에는 설치 목적을 확인하여야 한다.

③ Wi-Fi **및** ISM **대역**(2.4GHz~5.8GHz)

Wi-Fi, Bluetooth 기기 대역은 사용자가 많지만 대역폭과 스펙트럼 형태가 고유한 패턴으로 정보를 전송하고 있으므로 일반 도청기의 전송 패턴은 충분히 구분이 가능하다.

④ **초저주파 대역**(10kHz~30MHz)

초저주파 대역(장파, 중파, 단파 포함)은 주로 장거리 통신에 사용되는 대역으로 드물게 도청 장치에도 사용되는데 대상목표 지역 전체에서 거의 동일한 전계 강도를 나타낼 정도로 넓게 펼쳐지는 형태를 보여 실제 탐색에서는 오탐 가능성을 최소화시키는 문제가 가장 중요하다.

⑤ **주파수 호핑(다중 대역 사용)**

대역폭 내에서 주파수를 빠르게 전환시켜 신호가 분산 송신됨으로써 탐지에 어렵다는 장점으로 정밀 도청 장비에 주로 사용된다.

□ 실제 도청 탐색 작업 시 고려 사항

Wi-Fi 기술의 보편화에 따라 디지털 도청 장치의 소형화와 와이파이 대역을 사용하는 도청 장치가 급증하고 있어 특히, 2.4GHz 및 5.8GHz 대역은 가장 우려되는 영역으로 항상 주의 깊게 탐색해야 한다.

근간에는 저전력 Bluetooth(2,400~2,483.5MHz 대역) 기술을 접목한 도청 장치가 확산되고 있으므로 대상 목표에 대한 탐색은 도청 주파수로 많이 사용되는 30MHz~6GHz 대역을 우선적으로 탐색하고 현장 상황에 따라 추가적으로 저주파 대역이나 주파수 호핑 대역 이상 주파수 출현 여부도 면밀히 고려하여 대응하여야 한다.

17-8 광섬유 마이크 도청기 탐색

광섬유 마이크 도청기는 유선 도청 장치로 분류할 수 있는데 일반적으로 비선형접합 탐지 장비는 물론 금속탐지기, 무선 탐색 과정에서도 아무런 반응을 보이지 않아 도청기 색출에 어려움이 많다.

광섬유 도청기 색출은 현재로서는 육안 및 촉수 탐색이 가장 신뢰성이 높다. 따라서 도청 목표 대상자를 중심점으로 지정해 놓은 다음 도청 마이크 은닉 장소로 의심되는 최적의 지역(책상, 벽체 및 천정, 바닥 등)을 확대경, 손전등, 벽체 탐지기 등 물리적 장비를 총동원하여 정밀 탐색을 실시하여야 한다.

광케이블은 머리카락 두께 한 가닥만으로도 도청 선로 구성이 가능하므로 실내 벽지 훼손 또는 신규 벽지 작업 흔적 등이 발견될 경우 세밀한 탐색은 필수이다.

※ 1997. 4. 오스트리아 비엔나 소재 메리어트 호텔측이 OPEC 대표단이 정기적으로 숙소로 사용해 왔던 방 벽지 교체 과정에서 광섬유 마이크 도청기를 발견했는데, 同 도청기는 호텔 내부 벽지를 스팀 다리미로 부풀어 올려서 들뜨게 만든 다음 벽지 틈에 도청기를 밀어 넣어 설치한 것으로 알려지고 있다.

※ 광섬유 마이크 도청기는 색출하기 어려워 지금도 실내 설치 도청 장치로 가장 선호되고 있다.

특히 벽체 또는 천정에 대한 탐색을 해야 할 상황이라면 사다리를 동원, 30㎝ 이내로 최대 근접하여 반짝이는 점 또는 이상 변형 여부를 면밀하게 관찰하는 것이 최선의 방안이라고 할 수 있다.

광섬유 도청기의 다른 버전으로는 대상 목표 내에서는 유선 방식으로 진행하다 일정 거리를 벗어난 지점부터는 무선 방식을 통해 외부로 중요 정보를 송신하는 유/무선 복합방식으로 설치되는 경우가 종종 발견되고 있으므로 필요하다고 판단될 경우 실제 소음을 발생시키면서 소음 발생과 연동되는 이상 주파수 출현 여부도 예의 주시하며 정밀 탐색으로 대응하여야 한다.

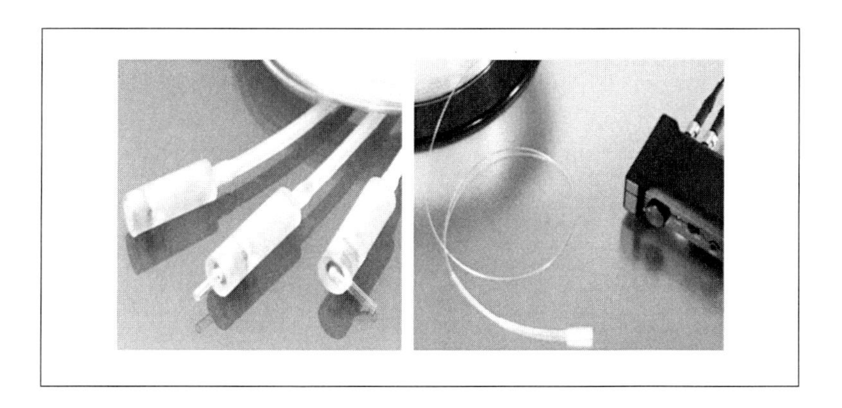

광섬유 마이크로폰[10]

17-9 유선 도청기 탐색

유선 도청기는 실내 통신선로에 직렬 또는 병렬로 연결하여 설치되는데 탐색은 선로상의 임피던스 측정과 전압, 전류 측정값을 비교, 직렬 또는 병렬형 도청기 설치 여부를 체크함으로써 도청기 설치 여부를 확인할 수 있다.

병렬형 도청기는 병렬 연결 특성상 각 회선의 임피던스에 걸리는 전압은 변함없으나 전류값이 회선마다 다르므로 정밀 측정 장비를 사용, 일반선로에 나타나는 전류, 전압, 임피던스 변화와 비교하여 체크한다.

직렬형 도청기는 선로의 한 부분 절단하고 도청기를 연결함으로서 선로 임피던스 변화에 따른 신호 감쇄를 유발, 선로상 전압 강

10 출처: http://m.doubleen.com/business/optoacoustics.htm

하가 나타나므로 병렬형 보다 쉽게 측정 가능하다. (전류값은 동일하다)

임피던스 측정은 회선에 설치된 도청기로 인해 회선 임피던스가 변화하므로 기준 선로 임피던스 값과 비교함으로서 설치 여부를 탐지할 수 있는데 기준 선로 지정 방법은 물리적으로 충분히 보호되고 안전하다고 판단되는 선로를 선정한다.

하지만 최초 방문 장소라면 실내 여러 선로 임피던스를 측정한 후 평균값을 산정, 각각의 선로를 평균값과 비교하여 이상 선로로 의심되는 회선은 정밀 탐지하여야 한다.

이때 도청기가 선로와 병렬로 연결된 경우라면 선로 임피던스 값이 기준 선로에 대한 임피던스 값보다 감소되어 측정될 것이며 만약 직렬 연결 도청기라면 임피던스 값이 높게 측정된다는 기본원리에 착안하여 도청기 설치 여부를 판단하기도 한다.

□ 선로 분석장비(Time Domain Reflectometry) 활용 탐색

전력선이나 전화선에 특정 고주파를 송출하면 선로를 따라 흐르던 파형은 선로상에 도청 장치가 설치된 경우 이를 선로상의 장애물로 인식, 그중 일부가 반사 파형으로 다시 원점으로 되돌아오게 되는데 이를 분석하여 도청 장치 위치를 파악하고 육안 확인을 통해 도청기 설치 여부를 판단할 수 있다.

반사파형 분석 결과 이상 신호로 판단되는 선로는 실제 선로를 따라가며 육안으로 확인하는 절차가 반드시 수행되어야 하며 수화기가 들려져 있는 상태(통화중)에서 이상 무선 신호 출현 및 전계강도 변화 여부도 면밀하게 체크함으로써 선로상의 도청기 설치 여부 확인이 가능하다.

선로 단선, 선로상 브리지 접속, 선로 침수 등은 하기와 같은 반사 파형이 나타나는 것으로 알려지고 있지만 실제 현장에서는 선로 잡음 등 상황판단을 흐리게 하는 외부 간섭 현상이 복합적으로 나타남에 따라 선로 파형 측정만으로는 도청기 설치 여부를 단정하기 어려우며 이를 극복하기 위해서는 선로 임피던스와 전류/전압 측정 결과 등을 종합적으로 적용해서 판단해야 한다.

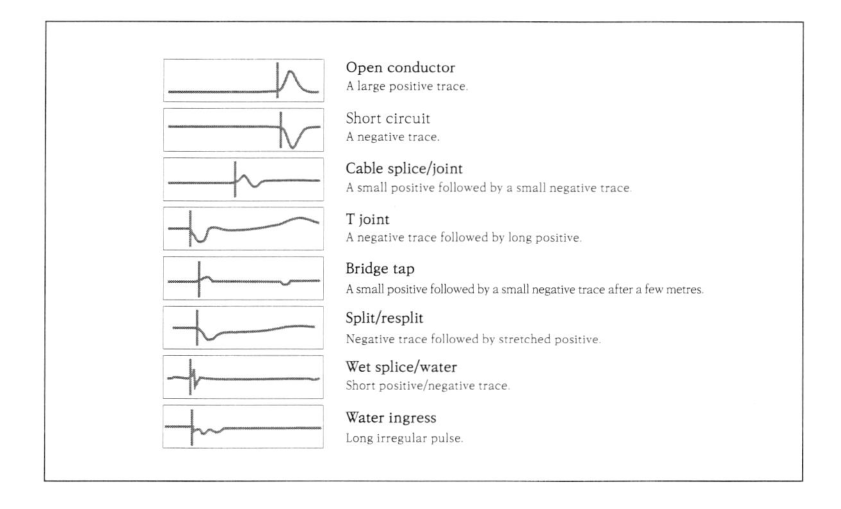

특정 주파수 선로 인가시 TDR 반사파형 형태[11]

11 출처: windows.net

17-10 전력선 도청과 탐색

① 전력선통신(PLC, Power Line Communication)

PLC는 건물 내부에 배선된 50~60Hz의 저주파 전력 선로에 고주파 데이터 신호를 주입하여 통신하는 방식으로 고속(10Mbps 이상) 및 저속(20kbps 이하)으로 구분된다.

전력선 도청기는 목표 대상 내부 전력선을 활용하여 실내 음성 및 영상, 기타 중요 데이터 등을 고주파에 실어 외부로 전송하는 장치로서 일반적으로 3kHz~500kHz 범위의 저주파는 음성정보 탈취, 1.8MHz~250MHz 범위의 비교적 고주파 대역은 영상 및 기타 중요데이터 탈취에 사용되고 있다.

PLC는 기존 전력선을 통신망으로 사용, 전원 콘센트에 통신장비(도청기 포함)를 연결하면 통신이 가능하기 때문에 저비용으로 홈네트워크 환경 구축에 많이 사용되고 있으며 최근에는 200Mbps급 이상의 데이터를 송신할 수 있는 고속 PLC 기술도 등장, 고속 인터넷 서비스는 물론 자동 검침 분야로 확산되는 등 점차 전력선 통신 기술이 관심받고 있다.

또한 도청 공격자 입장에서는 전력선 통신망은 가장 최적 조건을 모두 갖추고 있어 PLC 통신 기술 진화에 따른 공격 기법도 점차 고도화되고 있으므로 관심을 갖고 기술 변화에 적극 대응해야 할 것이다.

② 전력선 도청기 탐지

전력선 도청기 탐지는 선로 전압과 신호를 측정하고 신호 분석으로 판단하게 되며 이는 주파수 스펙트럼 분석기를 통해 선로신호의 주파수 성분과 전계 강도를 측정하고 오실로스코프의 파형을 시각적으로 확인함으로 도청기 설치 여부를 판별할 수 있다.

오실로스코프 측정 시에는 정상적인 전력선 신호는 정현파 형태로 나타나지만 도청기가 전력선을 통해 신호를 전송하게 될 경우에는 비정상적인 주파수와 노이즈가 포함된 파형 형태를 보이게 되므로 파형분석으로 도청기 위치와 작동 방식까지도 유추 가능하다.

17-11 측정 장소 원상 복구 및 현장 브리핑

지금까지의 대도청 측정을 마무리하였다면 이제는 측정 과정에서 훼손 또는 파손된 비품이나 시설에 대한 원상 복구 조치 단계로써 현장에 대한 원상 복구를 통해 공식 탐지 활동을 종료하고 현장 브리핑을 실시한다.

이때 현장에서 발굴된 보안 취약점과 향후 보안대책 등을 조언하고 최신 도청 실태와 일상적 방어 대책 등을 교육함으로써 의뢰인과 함께 상호교감을 갖고 대도청 측정이 원만하게 마무리되었음을 선언하는 자리가 될 수 있도록 조치하여야 한다.

17-12 최종 도청 탐지 결과 보고서 송부(의뢰인 요청 시)

의뢰인이 요청할 경우 외부 비공개를 전제로 대도청 측정종료 이후 2주 이내 도청 탐지 결과에 대한 최종 보고서를 친전으로 송부할 수 있다.

□ 도청 탐지 작업에 대한 당부

이상으로 기본적인 도청 탐지 절차를 기술하였으나 독자들이 평가하기에는 다소 미흡한 점도 있을 것이다. 그러나 필자는 현장에서 활동하는 여러분들의 노하우를 함께 결합하고 응용한다면 충분히 유용하게 활용될 수 있을 것으로 생각한다.

도청 탐지는 창과 방패의 싸움이라고 할 수 있는데 필자의 오랜 경험에 비추어 볼 때 탐지 전쟁에서 승리하기 위해서는 절대 서두르지 않고 끈기 있게 차분하게 대응한다면 반드시 승리할 수 있다는 점을 다시 한번 강조하고자 한다.

□ 현장에 대한 치열한 고심은 실수를 되풀이하지 않는다

공직 생활 중 국내외 수많은 중요 시설 및 지역에 대한 도청 탐지와 방어 활동에 참여해 왔고 정년으로 퇴직한 이후 지금도 현역으로 활동하며 국가, 기업 및 개인 정보 보호 활동에 크게 기여하고 있다고 자부하고 있다.

하지만 20여 년 전 현역으로 왕성하게 활동하고 있을 당시 어느 지방 VIP실 도청측정 과정에서의 판단 미스는 지금도 생각하면 얼굴이 붉어지는데 이제 막 도청 탐지 업무에 입문한 분들에게 도움이 될 수 있을까 하는 마음에 에피소드 한 자락을 공개한다.

지방 귀빈실에 대한 도청 측정요청을 받고 동료들과 팀을 구성하여 현장에 도착, 주변 전파환경을 측정하고 주요 시설물 배치 현황, 도청 공격 가능성 검토 등 보안 취약성을 분석한 다음 귀빈실 내부의 유선 선로측정, 전자제품 및 사무기기의 이상 전파 발신 여부 추적, 불법 카메라 설치 가능성 등을 하나하나 점검해 나가던

중 간헐적으로 치고 들어오는 이상 무선 신호가 탐지되었다.

모두가 긴장한 상태로 스펙트럼 분석 장비, 방사파 측정장비 등 가용할 수 있는 모든 장비를 총동원, 정밀 탐색을 실시한 결과, 귀빈실 內 VIP 좌석 뒤편 벽체 내부에서 이상 전파가 발신되고 있음을 확인하였다.

그러나 이상 전파 발신원을 확인하기 위해서는 당시 최고급 실크 벽지로 마감된 벽체를 손상시킬 수밖에 없는 상황에 직면하게 되었는데 결국은 팀을 이끌고 있는 필자가 결정해야 할 상황이 연출되었다.

이에 필자는 정부 고위층 및 경제계 거물들이 수시로 이용하는 귀빈실에 도청 장치가 설치되었을 가능성과 아무런 성과 없이 마무리될 수도 있는 상황을 놓고 고심에 고심을 거듭하다가 1%의 가능성이라도 직접 확인해야 한다는 원칙과 신념에 따라 모두가 지켜보고 있는 상황에서 벽체 해체를 요구하여 내부 상태를 확인한 결과 내부에는 각각 1가닥의 전선이 일정 간격(약 60~80㎝)을 두고 배선되어 있을 뿐 완전한 빈 공간이었다. 얼마나 황망스럽고 당황스러웠던지 지금도 당시의 기억을 생각하면 실제 바늘로 손등을 찌른 듯이 생생하다.

정신을 가다듬고 이상 전파 발신 원인을 면밀히 분석한 결과, 보통 전원선은 플러스와 마이너스 선이 외피에 의해 하나로 묶임으로써 외부의 전파가 유입되더라도 서로 상쇄되어 전원선 역할에 충실할 뿐, 특별한 변화를 나타내지 않지만 귀빈실 인테리어 작업 시 미적 요인과 작업 편의성을 고려, 전원 공급선을 한 가닥씩 분리하여 일정 간격을 두고 배선함으로써 주변에서 운영되던 고출력 안테나에서 방사되는 고주파 신호가 각각의 전원 선로에 유도된 다음 재방사되면서 마치 도청 신호가 전송되는 것 같은 혼란을 초래, 오인 탐색이 발생한 것이었다.

이로써 모두를 긴장시켰던 이상 전파 발신은 해프닝으로 마무리된 바 있었지만 만약 그 당시에 육안으로 확인하지 않고 지나쳤다면 지금까지도 마음속에 마무리하지 못한 미제사건으로 남았을 것이다.

이상과 같이 도청 탐지 활동은 수많은 변수 발생과 오탐 최소화를 위한 끊임없는 싸움이며 또 한편으로는 이상 반응 탐색 시 어떻게 풀어나가야 할지를 고민해야 하는 외로운 작업이지만 지금까지의 경험을 돌이켜 본다면 모든 문제점에 대한 해답은 바로 현장에 있다는 것이다. 필자의 조그만 경험이 모두에게 도움이 되었으면 하는 바람이다.

도청 탐지 체크리스트

20 . . .

	도청 탐지 요청 접수	수행	미수행
1단계	- 도청 탐지 의뢰 배경 중점 확인, 측정 기본자료 수집에 주안 - 의뢰인 중심 SNS 공개자료 확인 분석		
	- 보안측정 기본정보 제공 서면 동의 및 측정팀 보안유지 의무 고지		
	- 인터넷 등 공개 자료를 통한 의뢰인 주변 갈등관계 (사회적 비난, 소송 진행 여부, 친/인척 연관 등) 확인 - 경쟁사와 친분관계 등 모든 침해 가능성 도출, 측정 방향 결정		
2단계	의뢰인 직접 면담 및 계약(접수 1주일 이내 실시)		
	- 대상 목표와 연관없는 외부시설 및 장소에서 의뢰인 직접 면담		
	- 사전 인터뷰 시 청취 및 입수한 공개자료 사실 여부 확인 - 목표대상 및 지역 보안관리 실태 등 확인 - 도청측정 의뢰 목적, 측정 요구사항 등 재확인 - 의뢰인 및 가족 대상, 보안측정 절차 설명(보안 조치) - 의뢰인 추가 요구 사항 등 접수(필요 시 계약내용 추가 문서화) - 측정결과 대외 공개 여부는 사전 협의 조항 주지 - 의뢰인 요구사항과 탐색팀 간 이견 해소를 위한 가이드 라인 설정(필요 시 계약내용 추가 문서화) - 최종 계약서 작성(측정대상, 기간, 측정비용 등 포함)		
3단계	적발 도청 장비 처리 방안 등 협의		
	- 도청기 색출/적발 현장 영상채증 및 증거자료 존안 고지 - 적발된 도청기 및 불법 카메라는 의뢰인 요청사항을 최대한 반영 처리, 교육자료 및 탐지자료 존안 등은 상호 협의 결정 - 현행법 저촉시 수사의뢰 지원 등 조언 - 도청기 적발 시 성과보수 등 협의(문서화 필요)		

4단계	대도청 측정 준비단계(사전측정)		
	- 보안측정 대상 목표 중심 200m 이내 주변건물 배치현황(건물높이 맞물림 각도 등) 분석 취약성 도출		
	- 대상 목표 주변 전파환경 측정 데이터 베이스화 조치 ※ 대상 목표보다 높은 장소로 최소 2개소 이상 지점에서 측정 - 목표 주변의 회사 또는 단체, 기관 등 기본 정보 확인 잠재 위험성 검토, 의뢰자가 자연인 경우 지역사회, 인척 간 갈등 여부 확인 - 군, 경찰, 항공, TV, 방송 및 국가 재난통신망, 항공망 등우호전파 현황 사전 데이터 베이스 확보		
5단계	내부 측정(실측정 단계)		
	- 대상 목표를 균등 분할하거나 물품별로 구분하여 측정 순위 부여 - 내부 운영 와이파이 중계기 등 실내 모든 전파 발신원 Off 상태 측정이 원칙(휴대폰 포함)		
	- 내부시설(비서실, 탕비실 등 의뢰인 전용 개인 업무공간) 배치 및 보안 취약성 분석 대응 탐지		
	1. 상시 비치 물품 및 비품		
	- 의뢰인 전용책상, 만년필 등 각종 필기구, 서류정리함 등 - 상패, 명패, 감사패, 위촉패, 외부반입 전시품, 비치용 선물 등 - 세정제, 화장품 등 일상용품 - 분재, 축하난 등		
	2. 전원사용 물품 및 비품		
	- 앰프, 소형라디오, 알람시계, 탁상전등, 충전기, 리모콘 일체 - 복사기, 파지기, 팩시밀리, 컴퓨터, 모니터, TV - 커피포트, 냉온수기, 제습기, 멀티 전원코드, 콘센트 - 와이파이, 블루투스, 각종 리모콘 및 각종 경보장치 - 실내 냉온방기, 온열기, 공기청정기, 안마기, 족욕기 등 - 기타 실내설치 각종 제어장치(온도 조절기 등) - 특히 각 전원 on/off 시 이상반응 여부 비교 관찰 필요		

	3. 무전원 물품 및 비품		
	- 의자, 소파, 탁자, 서랍장, 책장, 장식장, 스탠드형 옷걸이(내부 포함) - 카페트, 커튼 및 블라인드 고정장치 주변 - 바닥 및 천정 벽체 고정물품 - 벽체, 문설주, 경첩, 환풍구, 벽걸이 액자, 천정내부, 창문프레임		
	- 바닥과 벽체 경계 이상배선 여부, 벽체 얼룩여부 - 벽체, 문설주, 경첩, 환풍구, 화재경보기 등 수리흔적 - 벽걸이 액자 변형 및 이동 여부 - 천정 보드 변형, 천정내부 이상 배선 설치 여부 - 창문 프레임 손상, 콘센트 임의배선 여부		
6단계	비선형소자탐지기(NLJD) 탐색		
	- 2~4초당 15Cm 이내 Sweeping 원칙 - 2고조파와 3고조파의 변화를 면밀 관찰 탐색 - 비선형접합 소자 탐지 시 촉수 및 육안 검색 - 비선형장비 인체 직접조사 금지 ※ 스펙트럼 아날라이저 등 정밀 장치와 동시 사용 금지(장비 고장 원인)		
7단계	무선 탐색		
	- 목표대상 중앙에서 주파수대역 전체 스캔, 이상 전파 발견 시 전계 강도 또는 사운드 크기에 따라 발신 위치 추적 - 대상지역 내 인가되지 않은 와이파이 존재여부 확인 * 색출된 도청기의 미끼용 여부 판단과 추가 도청 장치 설치 여부 분석		
8단계	광마이크 도청기 탐색		
	광마이크 도청기 색출은 육안 및 촉수탐색이 가장 우수 광섬유를 활용한 도청선로는 근접, 정밀탐색이 필수 ※ 확대경, 손전등, 벽체 탐지기 등 물리적 장비를 총동원 탐색 필요		

9단계	유선 도청기 탐색		
	- TDR, 선로 임피던스 측정기 활용 선로전압 및 임피던스 측정 - 선로상의 반사파형을 분석, 단선,브리지접속, 선로침수 등 판단 - 전화기 통화중 상태에서 무선신호 출현 여부 등 체크		
10단계	전력선 도청기 탐색		
	- 스펙트럼 분석기로 주파수 성분과 전계 강도 측정 - 오실로스코프 등 주파수 파형 분석장비 동원 측정 ※ 단순 전력선인 경우 정현파에 가까운 파형으로 보임 ※ 도청기 설치 시 비정상적인 주파수와 노이즈가 포함된 파형 형태		
11단계	원상 복구 및 현장브리핑		
	- 측정시 훼손되거나 파손된 비품 원상 복구 - 측정결과 현장 브리핑, 보안 취약점과 보안대책 등을 권고하고 대도청 측정 종료 선언		
12단계	측정결과 보고서 의뢰인 송부		
	- 의뢰인 요청이 있을 경우 측정 결과 보고서 작성 친전 송부(통상 2주 소요)		
기타	- 보안측정은 가급적 업무시간 실시 원칙 - 업무시간중 측정이 어려울 경우 야간측정 전환		

18-1 GPS란 무엇인가

18-2 GPS 작동 방식

18-3 차량설치 불법 GPS 탐지 절차

제 18 장

차량 위치 추적기 (GPS)의 이해와 탐색

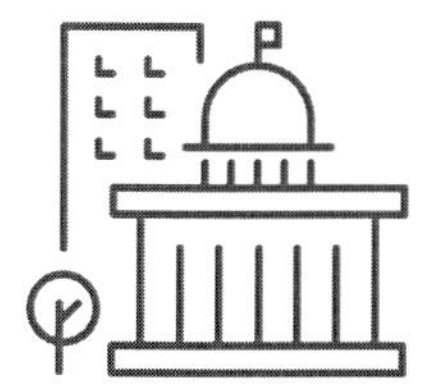

제 18 장

차량 위치 추적기(GPS)의 이해와 탐색

18-1 GPS란 무엇인가

GPS(Global Positioning System)는 중궤도를 공전하고 있는 美 군사위성(24개)에서 발신되는 위성 전파를 수신, 현재 위치를 확인하는 위성항법시스템이다.

현재 전 세계 이용자들이 무료 이용하고 있는 GPS 위성항법시스템은 24시간 작동 중으로 원래 美 국방부에서 군수용으로 개발된 시스템이었으나 1983년 대한항공 여객기(KAL-007)가 항법장치 오류로 소련 상공으로 진입했다가 미그기로부터 격추되어 전원 사망하는 사건이 발생하자 1984년 레이건 대통령 선언으로 민간에 개방되었다는 설이 지배적이다.

18-2 GPS 작동 방식

GPS는 24개의 위성에서 발신하는 1,575.42MHz(L_1)와 1,227.60MHz(L_2)의 마이크로파를 수신하여 신호의 시간 차이를 계산함으로서 위치와 속도를 측정하는 시스템으로 각각의 위성은 고유의 신호와 궤도 파라미터를 전송한다.

GPS는 그 중 3개 이상의 위성 신호를 수신한 다음 삼각측량을 통해 현재의 위치를 계산하고 단말기 화면에 속도와 방위, 이동거리, 목적지까지의 거리와 경로 등을 알려주는 방식으로 작동한다.

18-2-1 불법 GPS 추적기는 주로 어디에 설치될까

불법 GPS 차량 추적기는 위성 신호 수신률을 높이고 GPS 기기와 중계국 간 원활한 접속을 위해 차량 하부에 강력한 자석으로 설치하는 방식이 많이 사용된다. 그러나 차량 하부 엔진룸 근처는 고열로 GPS 파손 등 정상 작동되지 않는 경우가 많아 일반적으로 트렁크 내부 또는 차량 후미 하부에 설치된다.

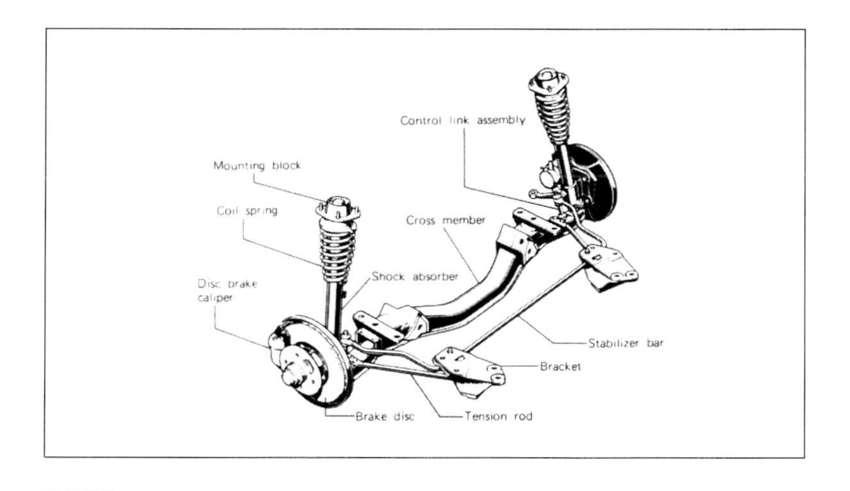

차량 하부 GPS 은닉 선호장소[1]

---

1 출처: https://mazdacity.co.th/why-macpherson-strut/

차량 하부는 쉽게 접근할 수 있지만 평소 확인하기 어려운 지점으로 눈에 잘 띄지 않는 차량 하부 금속 표면(로워암, 크로스 멤버 등)에 강력한 자석으로 부착될 수 있다.

또한 차량 하부는 전기 배선을 활용하여 안정적으로 전원을 공급받을 수 있으며 GPS 신호 수신에 크게 장애를 주지 않는 장소이므로 위치 추적이 의심된다면 주기적인 하부 점검을 통해 사전 대비할 수 있다.

최근에는 운전석 및 조수석 대시보드 측면(사진 원형 부분)을 개봉, 내부전원에 연결하여 설치하는 방식도 사용되고 있으므로 차량 GPS 탐색은 고도의 집중력 가지고 차분하게 은닉 가능한 지역으로 파악되는 지점에 대해 철저하게 확인하는 절차가 요구된다.

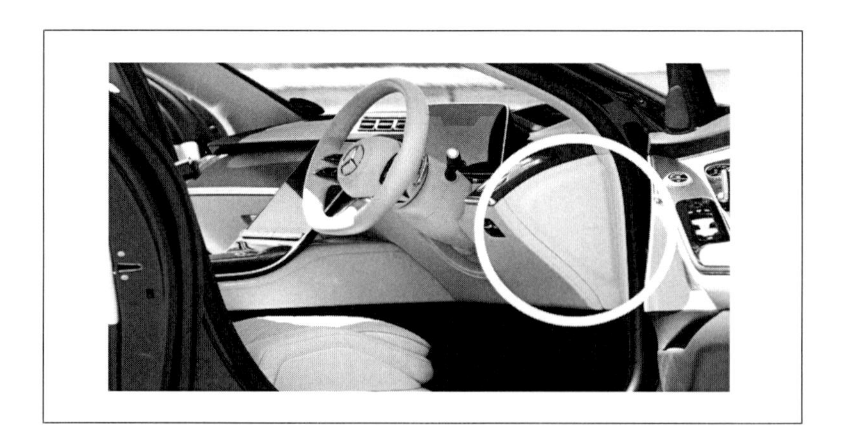

대시보드 측면 커버[2]

2 출처: https://www.pexels.com/ko-kr/photo/26691305/

18-2-2 GPS 동작과 위치 정보 갱신

통상적으로 GPS 수신기는 여러 위성으로부터 동시에 신호를 받아 각 신호간 전송 시간차를 이용, 현재 시점에서 기기의 정확한 위치(위도, 경도, 고도)를 계산하고 이 정보를 바탕으로 자신의 위치를 업데이트하는 과정을 지속하도록 프로그램되어 있다.

이렇게 업데이트된 정보를 사용자에게 표시하거나 다른 시스템과 공유하는 과정을 "위치정보 업데이트"라고 하며 예를 들어 실시간 위치 추적을 필요로 하는 차량 추적 시스템이나 스포츠 추적 프로그램은 수 초부터 수 분 간격으로 위치정보를 갱신한다.

GPS의 위치정보 업데이트 신호는 주기적인 단발성 펄스(기종별로 발신 시간 차가 다르게 나타나기도 함) 형태로 일정한 시간 간격을 갖고 송신하므로 스펙트럼 분석 장비 등으로 전파 발신지를 추적, 확인할 수 있다.

차량위치 추적 상상도-chatbot-GPT 4.0 생성

18-2-3 다른 시스템과의 위치 정보의 공유

GPS 단말기의 다른 시스템과의 위치정보 공유 과정은 다양한 방식으로 진행되고 있는데 네트워크 연결 가능한 스마트 기기들은 더욱 많은 방법들을 사용하고 있다. 여기서 "다른 시스템"이란 다른 모바일 기기, 컴퓨터 서버, 클라우드 서비스, 스마트폰 기지국 또는 특정 애플리케이션 등을 말한다.

18-3 차량설치 불법 GPS 탐지 절차

차량 위치 추적기는 기밀성과 은닉성을 보장하기 위해 다양한 형태와 크기로 제작되고 있으므로 차량 내에서 정상적이지 않다고 판단되는 모든 물품은 주의 깊게 관찰하여야 한다.

특히 의뢰인이 자신의 스마트폰 등 개인기기가 해킹으로 인해 모든 활동이 추적당하고 있었음에도 이를 인식하지 못하고 불법 GPS 탐색을 의뢰할 수도 있으므로 의뢰인의 탐지의뢰 내용을 면밀하게 검토, 이를 측정에 반영할 경우 가장 신뢰성 높은 결과를 도출할 수 있다.

□ 차량설치 불법 GPS 탐지

차량 내/외부 검색은 다음과 같이 전체 육안 확인 가능한 지역은 물론 일부 커버로 차단되어 있는 부위까지 9단계로 나눠 세밀하게 점검한다.

- 차량 상부

① 전방부(전방 범퍼, 전조등 등), ② 몸체부(상부 설치 캐리어, 도어 손

잡이, Window 브러쉬 등 외부 돌출물), ③ 후방부(범퍼, 후미등 등)

- 차량 내부

④ 계기판(운전 및 조수석 콘솔, 블랙박스, 앞 좌석 계기판 양쪽 측면부 등), ⑤ 앞좌석(도어 포켓, 선 바이저 등), ⑥ 뒷좌석(공기청정기, 내부 설치 후미등, 기타 편의 장치 포함) 및 트렁크 내부

- 차량 하부

⑦ 엔진룸(앞바퀴, 조향장치 등 포함), ⑧ 동력 전달부(차량 바디 포함), ⑨ 트렁크 하부(배기구 등 포함)

차량의 전기 시스템 및 휴즈 박스에 연결된 비표준의 전선과 용도가 불명확한 배선은 종단부까지 확인하여야 하며 특히 OBD 진단 포트에 GPS 추적기 전원 연결 여부 판단과 글러브박스, 선바이저, 선글라스 홀더, 도어 보관함 등 차량 내부의 등 모든 공간은 직접 확인이 필요하다.

※ 일부 블랙박스는 OBD 진단 포트 전원을 사용하므로 임의 배선 발견 시 명확한 용도 확인 필요

자동차 트렁크 내부 측정은 예비 타이어는 물론 배터리와 연결된 이상 전선 설치 여부 확인 등 1차적인 육안 검색을 마친 후 차량 내 모든 전자기기 사용을 중지하고 엔진 시동으로 발생할 수 있는 전자적 잡음까지 차단할 수 있도록 시동 off 상태에서 이상 고주파 출현 여부를 정밀 체크해야 한다.

이때 간헐적으로 발신되는 GPS 신호 존재 여부를 확인하기 위해서는 전문 탐색 장비를 사용하여 펄스 형태의 순간파(위치 정보 업데이트 시 출현)를 추적하여야 하며 간헐적으로 나타나는 GPS 신

호는 도심지역의 다양한 전자기기에 의해 발생되는 신호의 간섭을 받을 수 있으므로 검색 대상 차량을 전파간섭이 최소화되는 지역(시외 및 계곡지역 등)으로 이동하여 측정하는 것이 효과적이다.

자동차 차체와 내부 자재 사이 공간에 자석을 사용하여 차체 면에 부착하는 경우도 종종 발견되고 있으므로 자기장 탐색기와 내시경 카메라를 활용하여 탐색하고 현장에서 자동차 하부 탐색이 여의치 않다면 지역 정비업체의 협조를 받아 차체를 올려놓고 차량 하부 부착물 여부를 체크한다.

※ 고정적으로 업무협조를 받을 수 있는 지역 정비업체 발굴 필요

자동차 충격흡수장치나 바퀴 내부의 금속 부분, 전후방 범퍼 내부, 대형 RV차량의 경우에는 차량 상부 구조물 검색도 실시하고 高價 외산 차량의 경우 자동차 검수 전문 업체와 협업하여 탐색하는 방안도 고려하여야 한다. 또한 차량 GPS 신호 탐지가 시작되면 탐지자 및 주변 참관인들까지 휴대폰을 Off 상태로 전환토록 조치한다. 이는 휴대폰도 지속적으로 기지국과 GPS 신호를 주고받고 있어 탐지 작업에 혼선을 주기 때문이다.

※ 허가받지 않은 자가 차량 위치 추적 장비 GPS를 설치/운용하거나 위치정보 제3자 제공 및 누설할 경우 『위치정보의 보호 및 이용등에 관한 법률』에 의거 최대 5년 이하의 징역 또는 5천만원 이하의 벌금에 처하도록 규정

차량 GPS 체크리스트

	GPS 탐색 절차	수행	미수행
1단계	- 차량 내외부 전수검사 실시(커버 차단부위 포함 9단계 분류 진행)		
	- 차량 상부 1. 전방부(앞범퍼, 전조등) 2. 몸체부(상부 설치 캐리어, 도어손잡이, 윈도브러쉬...) 3. 후방부(범퍼, 후미등) - 차량 내부 4. 계기판(운전, 조수석 콘솔, 블랙박스 등) 5. 앞좌석(도어포켓, 선바이저, 시가잭 연결부, 룸미러...) 6. 뒷좌석(공기청정기, 팔걸이 포켓 내부...) 글로브박스, 선바이저, 선글라스 홀더, 도어 포켓 등 차량 내부 공간에 대한 육안 및 촉수검사 - 차량 하부 7. 엔진룸(앞바퀴 조향장치, 서스펜션...) 8. 차량 바닥(언더커버 내부) 9. 트렁크 하부(배기구...)		
	- 차량 진단포트(OBD)에 블랙박스 등 외부 기기 연결 여부 - 전기시스템 및 휴즈박스에 연결된 비표준 전선과 이상 배선 설치 여부 추적 탐색		
	엔진룸 내부 공기순환 구조에 따른 GPS 은닉 가능성 검색 * 반사경 및 손전등, 드라이버 등 기본 공구 준비		
2단계	차량 트렁크 예비타이어 및 배터리 주변 이상 배선 여부 확인		
	- 트렁크 밑바닥 또는 차량후미 및 하부 전체(바퀴축, 로워암 커버) 이상 물체 부착여부 탐색(자기장 탐색기 사용이 효과적)		

3단계	- 차량 내 모든 전자기기 및 시동 off 상태로 전환 - 육안탐색 종료 후 광대역 무선탐지기 활용, 단발성 펄스파 형태의 GPS신호 출현 여부 추적 * 도심에서는 다른 신호와 혼선 가능성이 높으므로 전파간섭 최소화 지역 이동 측정 * 측정 참관 및 참여자 모두 스마트폰 비행기모드 전환 조치		
	- 내부 확인이 어려운 곳은 자기장 탐지기 및 내시경 카메라 등 활용, 정밀 측정 실시 - 전후방 범퍼 내부, 대형 RV는 상부 구조물 검색 - 지역 정비업체와 협조, 차량 하부 전체 및 엔진룸 등 정밀 점검		

※ 측정 도구: 광대역 무선측정기, 비선형소자탐지기, 손전등, 내시경카메라, 자기장 탐색기, 테스터기, 드라이버 세트, 반사경, 사다리, 차량 거치대 등

도청의 이해와 대응

제 19 장

불법 촬영 카메라와 탐지

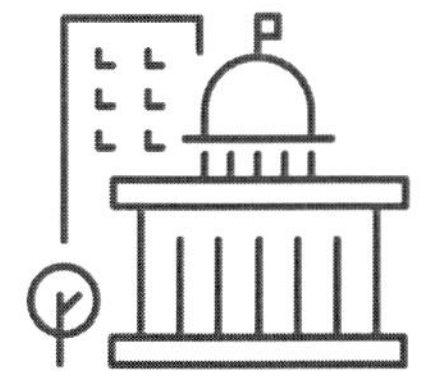

제 19 장

불법 촬영 카메라와 탐지

19-1 불법 촬영 카메라란 무엇인가

촬영대상자의 동의 없이 비밀리에 설치되어 사적인 모습과 활동을 불법으로 촬영하는 카메라로 대체로 작고, 은밀하게 설치하기 쉬운 형태로 제작되고 옷걸이, 연기 감지기, 시계, 휴대폰 충전기, 펜, 예비 배터리 등 모든 일상 물품에 은닉되어 카메라의 정체성을 혼동시키도록 만들어진 소형 촬영기기를 말한다.

※ 통상 몰카라고 불리는 불법 카메라는 과거 TV 오락프로그램에서 출연자들을 골탕 먹이는 용어로 사용되고, 이를 방치한 결과 일반인에게 '몰카'는 이벤트 또는 장난의 의미라는 인식이 확산되어 범죄 의식 약화에 일조했다는 부정적 평가가 있다.

※ 정부는 2017년 디지털 성범죄 근절 종합대책을 발표하며 몰카 용어를 불법 촬영 카메라로 대체하였다.

인터넷 시판 초소형 카메라

19-2 불법 촬영 카메라 처벌

불법 촬영 카메라는 일반인들의 사적인 순간이나 민감한 활동 등을 당사자 몰래 은밀하게 촬영하는 것으로 모든 나라에서 프라이버시 침해 등 중대 범죄로 간주, 불법으로 규정하고 있으며 녹화된 영상이 부적절하게 사용되거나 유포될 경우 법적 처벌을 받게 된다.

※ 불법 촬영 카메라를 이용하여 대상의 의사에 반하고 성적 욕망 또는 수치심을 일으킬 여지가 있는 사진 및 동영상 촬영에 대한 처벌은 「성폭력범죄의 처벌등에 관한 특례법」 위반으로 최대 7년 이하의 징역 또는 5천만원 이하의 벌금에 처하도록 규정되어 있다.

19-3 불법 촬영 카메라 주요 은닉장소

① 화재경보기, 연기감지기, 천정 송풍구, 공기필터기, 천정형 에어컨, 제습기, 가습기

② 벽시계, 인터폰, 액자 그림, 벽체 및 천정 내부

③ 책장 및 서적, 책상위 화분, 티슈박스, 음반 케이스, 연필꽂이

④ 전원 콘센트, 인터넷 모뎀, 와이파이 중계기, 충전기 등 전원이 공급되는 모든 전자장치와 생활용품 내부에 은닉하여 설치

19-4 불법 촬영 카메라 종류별 구분

불법 촬영 카메라는 다양한 형태와 은닉성을 강점으로 온라인으로 쉽게 구입 가능하며 유선형과 무선형으로 구분되는데 유선형은 통상 IP 카메라[1]를 많이 사용하지만 최근 유행하고 있는 무선형은 대부분 WI-Fi 방식을 사용한다.

최근에는 어두운 환경에서도 최적의 화질을 얻어내기 위한 저조도 기술을 적용한 제품이 대세이며 적외선 LED까지 채택, 완전한 어둠 속에서도 촬영 가능하도록 진화되어 판매되고 있다.

① **유선형 불법 촬영 카메라**(IP 카메라)

- 대부분 Ethernet[2] 케이블을 통해 네트워크에 연결되며 전원 공급이 원활하여 대체적으로 안정적인 영상을 제공한다.
- 전원공급 문제로 설치 위치가 한정, 쉽게 노출되는 단점 대신 화질이 안정적이다.
- 대규모 보안시스템, 기업, 공공장소 등에 주로 사용되며, 안정

---

1 IP 카메라: 감시용 디지털 비디오 카메라의 일종이며 네트워크망과 인터넷을 통해 데이터를 송수신

2 이더넷은 LAN(근거리 통신망)을 구축할 목적으로 설계된 네트워킹 기술로 CSMA/CD(반송파 감지 다중 접속/충돌 탐지) 프로토콜을 기반으로 구축되어 여러 대의 장치가 동시에 데이터 전송을 시도하는 경우 데이터의 충돌을 방지한다. 이 프로토콜은 네트워크 트래픽을 제어하고 안정적인 데이터 전송을 보장하는 용도로 사용한다.

적이고 신뢰성이 높은 데이터 전송이 가능, 네트워크 관리가 수월하다.

- 설치를 위한 배선 작업과 초기비용이 많이 들어가며 위치 변경이 원활하지 못하다는 단점을 갖고 있다.

연기 감지기형 불법 촬영 카메라[3]

② 무선형 불법 촬영 카메라(Wi-Fi 카메라)

- 일반적으로 외부 배터리 부착 또는 내장된 충전 전원을 많이 사용한다.
- 최근에는 Wi-Fi 또는 Bluetooth 연결을 통해 2.4GHz 대역과 5GHz 대역을 이용하는 무선 방식이 다수를 차지하고 있으며 설치가 간편하고 카메라 위치 선정이 자유롭기 때문에

---

3 출처: https://reolink.com/blog/how-to-detect-hidden-cameras/

도청 공격자들이 선호한다.

- Wi-Fi 신호강도에 따라 화질의 영향을 많이 받을 수 있으며 네트워크 혼잡시 영상 지연이 발생할 가능성이 높다.
- 최근 출시 불법 촬영 카메라는 내부 전원의 효율성을 높이기 위해 움직임 감지 기능을 적용, 배터리 수명을 연장해서 사용할 수 있도록 지원하고 있다.

19-5 불법 촬영 카메라 탐지

① 불법 카메라 탐지에서 가장 우선적으로 고려해야 할 첫 번째 주안점은 주변 장소와 어울리지 않는 이상 물품이나 비품이다. 이상 물품이 발견될 경우 외관 검색 및 내부 개봉 등 정밀한 검색으로 카메라 여부를 확인하여야 한다.

② 불법 카메라의 첫 번째 목적은 화상 녹화에 있으므로 카메라 설치는 촬영 의도에 가장 충실한 최적의 위치와 각도를 만들어낼 수 있는 장소가 선정될 수 밖에 없으므로 공격자의 입장에서 어느 장소에 설치할지 유추하여 대응하는 방법이 가장 효과적이다.

③ 또한 주파수 탐색 장비로 와이파이 대역을 정밀 탐색하고 적외선 탐지기, 열화상 카메라를 활용하여 불법 카메라 설치 여부를 확인하여야 하며 의심 지역에 대해서는 비선형 소자 탐지 장비를 동원, 전자소자 부품 설치 여부를 최종 점검해야 한다.

④ **스마트폰 카메라 및 손전등을 이용한 탐지**

최근 출시 일부 스마트폰 카메라는 적외선 감지 기능을 사용할 수 있으므로 카메라 기능을 활용하여 탐색하거나 손전등 등 광원을 이용하여 빛 반사되는 지점을 색출할 수 있다.

19-5-1 적외선 및 열화상 장비 활용 불법 촬영 카메라 색출

① 적외선 카메라는 주로 보안 및 감시 시스템에 사용되며 카메라 기기에서 방사되는 열에너지의 크기에 따라 이미지를 생성하여 사용자에게 카메라 위치를 알려주지만 탐지 거리가 짧아 근접(10~50cm)해야 식별이 가능하다.

② 열화상 카메라는 비접촉 측정 장비로 절대온도 이상의 온도에서 모든 물체가 방사, 방출하는 적외선 복사열 수치를 열에너지 분포도로 측정한 후 열 이미지로 표시함으로써 불법 촬영 카메라 탐색(탐지거리 5~10m 가능)에 유용하다.

※ 적외선 카메라: 한 지점의 온도를 측정한 후 수치화한 영상을 제공

※ 열화상 카메라: 전체 지역의 이미지를 각각의 온도차이 영상으로 제공

19-6 Wi-Fi 연계설치 불법 촬영 카메라 탐지

① **스마트폰 Wi-Fi Analyzer 앱을 사용, 네트워크 연결 목록 확인**

구글 플레이 스토어에서 스마트폰 Wi-Fi "Analyzer" 앱을 다운받은 다음 이를 실행하게 되면 하기 사진과 같이 탐지 지역 내 모든 Wi-Fi 네트워크 동작상태를 확인할 수 있는데 그중 인가되

지 않은 Wi-Fi 네트워크가 동작 중이라면 MAC 주소 검색을 통해 제품 제조사와 장비 종류를 확인할 수 있으므로 특이 장치 여부 식별이 가능하다.

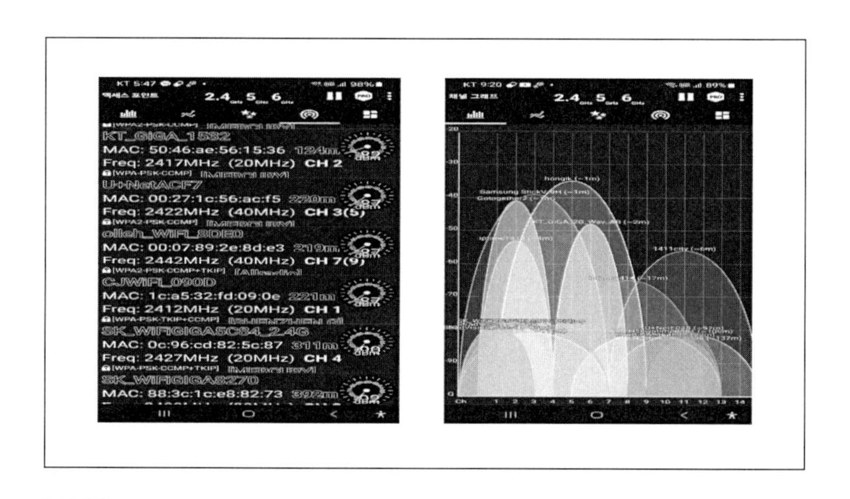

Wi-Fi Analyzer 애플리케이션을 활용한 실 검색 화면

② 네트워크 트래픽 분석

네트워크 모니터링 소프트웨어를 설치, Wi-Fi 네트워크 트래픽을 모니터링하고 네트워크에 연결된 의심스러운 장비 또는 알 수 없는 장치 설치 여부를 확인한다.

③ 무선신호 측정

Wi-Fi 대역 무선 신호를 감지할 수 있는 주파수 측정기를 활용, 2.4GHz, 5GHz 또는 6GHz 대역의 허가되지 않은 특이 주파수 발신원을 추적, 대응한다.

④ 이상물품 육안 탐색

특히 주변과 어울리지 않는다고 생각되는 물건과 기기(器機)는 불법 촬영 카메라 설치 의심지역으로 가정하고 반드시 육안 검사를 통해 최종 확인을 거쳐야 한다.

□ 불법 촬영 카메라 탐지 장비(Finder 21 및 P-4000)

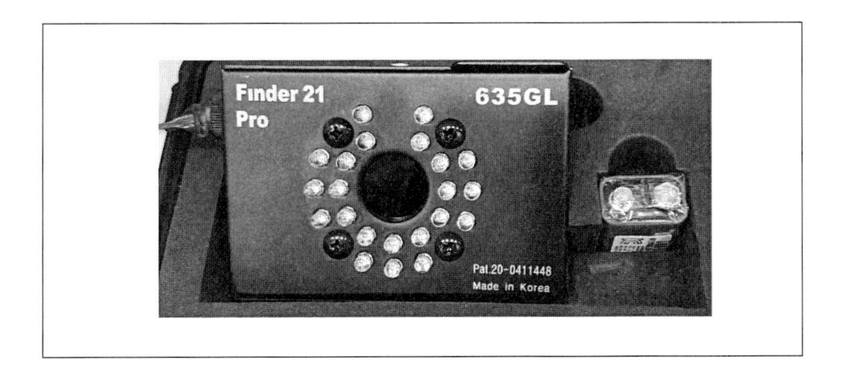

렌즈 탐지기

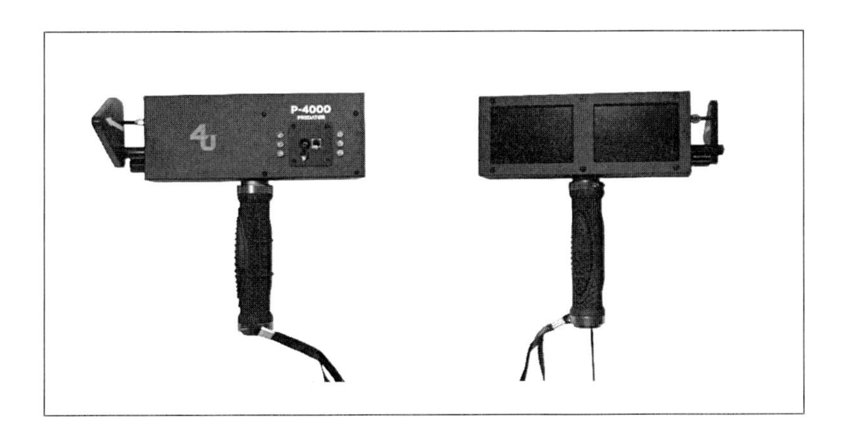

열화상, 적외선카메라 및 무선 카메라 탐지 복합장비

방향제 내부 설치 불법 카메라 탐지(왼쪽 열화상 및 오른쪽 IR카메라)

장애인 화장실 변좌 인식 센서 탐지(오른쪽 IR카메라)

19-7 불법 촬영 카메라 탐지 결과 브리핑 및 종료 선언

불법 촬영 카메라 탐지 활동을 마무리한 다음에는 발주자 또는 의뢰인에게 직접 측정 결과를 설명하고 양자 간에 측정 종료에 대한 인식을 같이한 가운데 측정 종료를 선언하는 것을 원칙으로 하여야 한다.

일반 불법 카메라 탐지 체크리스트

	일반 불법 카메라 탐색과 대응	수행	미수행
1단계	물리적 탐색(공격자 입장 최적 촬영위치 유추 탐색)		
	- 화재경보기, 연기감지기, 천정 송풍구 - 공기필터기, 천정 설치 전등 및 천정형 에어컨		
	- 벽시계, 액자, 그림, 인터폰, 온도조절기 - 책장 및 서적, 화분, 티슈박스, 음반케이스, 연필꽂이, 각종 필기구 등 생활용품 전반		
	- 전원콘센트, 인터넷 모뎀, 충전기 등 안정적으로 전원을 공급 받을 수 있는 모든 전자장치 - 대상 목표와 최상의 카메라 각을 만들 수 있는 주변의 모든 물품 - 대상 목표 내 어울리지 않는 이상물품 발견 시 정밀 탐색		
2단계	카메라 탐지 전용장비 활용 탐색		
	- 카메라 탐지 전용 장비(P-4000 등) 동원 열화상 및 IR 탐색		
3단계	무선탐지기 활용 무선카메라 탐색		
	- 광대역 무선탐지기 활용, Wi-Fi 대역 카메라 발신 주파수 탐색 - 탐지구역 내 미승인 Wi-Fi 네트워크 장비 출현 및 동작 여부 확인 * 통상 제작사에서 알페벳, 숫자, 기호 등으로 IP를 부여. MAC 주소 확인 필요		
4단계	Application 활용 이상 Wi-Fi 탐색		
	- 구글 Play스토어 앱(네트워크 스캐너 또는 Wi-Fi Analyzer 등) 활용 네트워크 상태 실시간 확인		

5단계	렌즈 탐지기 및 광원 활용 탐색		
	- 카메라 렌즈 탐지 장비 동원, 대상 목표 맞은편 의심되는 물품 중심 정밀 탐색 - 검색지역 조명 Off 후 손전등 및 광원을 이용, 적색/녹색 LED 불빛 출현 여부 확인(공격자 시각의 육안 탐색이 가장 확실)		
6단계	NLJD 장비 활용 최종 확인 탐색		
	- 비선형소자 탐지 장비 등 동원, 이상지점 최종 확인		
7단계	- 탐지결과 설명 및 측정 종료 선언		

제 20 장

공중 화장실 등 불법 카메라 탐지

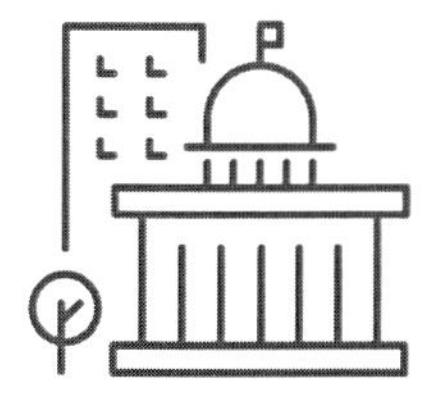

제 20 장

공중 화장실 등 불법 카메라 탐지

20-1 탐지 활동 시작 전 검토 사항

○ 장비 소요량 및 인력 편성(탐지 규모와 일정 참조)

- 탐지 인력은 반드시 2인 1조 편성 원칙(남/여 혼성)
- 탐지 장비는 예비 장비 1조 추가 구비
- 탐지 장비는 측정 前 완전 충전 조치

○ 탐지 소요 시간 산정

- 화장실 1개소 1.5~3분 작업으로 산정
- 밀폐공간 작업 특성상 20분 집중 측정 후 5분 휴식으로 진행, 집중력 강화로 탐지 효율 극대화

20-2 탐지 장소 진입 전 확인 사항

○ 탐지 활동복 정상 착용 여부 상호 점검

- 탐지 활동복은 제3자도 불법 카메라 탐지 활동 중임을 곧바로 인식할 수 있도록 정상 착용

○ 탐지 지역에 대한 기본정보(배치 현황, 화장실 숫자 등) 사전 숙지

○ 화장실 진입 전 "사용 중 여부"를 3회에 걸쳐 확인하고 큰소리로 "불법 카메라 탐지 측정 작업 중입니다"를 재차 고지 후 진입

부산 광안리해수욕장 불법 촬영 카메라 설치 여부 탐색 활동

20-3 탐지 절차

※ P-4000(일명 포식이) 사용 기준

① 1차-육안 탐색

- 육안 탐색은 변좌를 중심으로 불법 카메라 설치자 입장에서 최적의 화각 위치를 추정, 마주 보는 위치를 중점 탐색
- 화장실 내부 설치 콘센트는 불법 카메라 전원으로 선호되고

있으므로 콘센트 박스 손상/변형 및 탈부착 흔적 여부 등 체크
- 화장실 내부 설치 기구류(건조기, 휴지걸이, 변기청소 용품 등) 정밀 탐색

② 2차 탐지 장비 사용 측정

열화상 카메라, 적외선 카메라, 무선전파 탐지(Wi-Fi) 순으로 진행하되 카메라 이상 반응 지역이 발견될 경우 육안 및 촉수 검색으로 최종 판단한다.

③ 열화상 카메라 사용 시 주의사항

일부 금속 물체는 주변의 빛과 온도(탐지자 신체 포함)를 반사시켜 측정 카메라 화면에 붉은 빛의 열화상을 표시함으로써 탐색자를 혼란스럽게 만들 수 있는데 체온 또는 다른 열원이 카메라에 표시되지 않도록 탐지 각도를 변경하여 측정하여야 한다.

탐색 지역 내 온도 차가 너무 클 경우 열화상 카메라의 색 번짐 현상이 나타날 수 있으나 장비 기본 설정에서 중심 온도와 주변

온도의 차이를 上下 각각 4도 이상 차이로 변경하면 색 번짐 현상이 사라진다.

④ 비선형 소자 탐지 장비 탐색 시 주의사항

화장실 등 좁은 실내 공간 작업 시 강한 고주파 출력을 방사하는 비선형소자 탐지 장비는 인체에 직접 방사되지 않도록 각별히 유의하여야 한다.

⑤ 이상물품 처리

탐지 중 불법 카메라는 아닌 것으로 판명되었으나 주변과 어울리지 않는 이상 물품 적발 시 시설 담당자와 협의, 제거 또는 폐기 조치하여야 한다.

20-4 불법 촬영 카메라 적발 시 조치 사항

불법 카메라를 탐지했을 경우 적발 카메라는 설치 상태 그대로 현장을 보존하고 사진 자료로 채증을 마친 다음 수사 의뢰 여부 등은 시설주 또는 관리책임자와 협의하에 처리하여야 하며 특히 임의로 동영상 및 음성 내용을 청취할 경우에는 통신비밀보호법에 저촉될 수 있으므로 주의하여야 한다.

20-5 탐지 활동 종료

탐지 목표에 대한 활동 종료는 반드시 관리책임자 또는 업무 대행자에게 통보하는 절차를 통해 마무리하고 다음 지역으로 이동함을 원칙으로 한다.

20-6 탐지 활동 안전 교육

탐지 활동을 지휘하거나 위임 받은 자는 탐지 활동이 안전하게 진행될 수 있도록 안전관리에 힘써야 한다. 이를 위해 탐지 인력 대상 과전압 접촉 위험성 등 일반안전 교육을 실시하고 업무 특성상 성폭력 범죄 처벌 등에 관한 특례법 처벌 규정 등 관련 규정에 대한 교육을 수시로 진행, 탐지 활동 과정에서의 민원 발생 최소화에 각별히 유념하여야 한다.

공중 화장실 등 설치 불법 카메라 탐지 체크리스트

	불법 카메라 탐지 활동 착수前 검토사항	수행	미수행
1단계	• 탐지 지역과 장비 소요량 파악 및 인력편성 - 탐지 인력은 반드시 2인 1조 혼성 편성 원칙 - 탐지 장비는 예비장비 1조 구비(완전충전) • 탐지 소요시간 산정 - 화장실 1개소당 1.5~3분 - 밀폐 작업특성 감안 20분 집중 측정 후 5분 휴식진행 (집중력 제고 및 탐지효율 극대화 독려) * 필요 시 비선형소자 측정장비, 무선 측정 장비 병행 탐색		
2단계	탐지장소 진입 前 확인 및 조치사항		
	• 탐지 활동복 정상착용 여부 상호 점검 - 탐지 활동복은 제3자도 곧바로 인지할 수 있도록 착용 - 탐지지역에 대한 기본정보(배치현황, 화장실 숫자 등) 확인 - 화장실 진입 전 "사용중 여부를 3회에 걸쳐 확인"한 다음 큰소리로 진입 중이라는 사실을 재차 고지		
3단계	탐지 활동		
	• 1차: 육안탐색 - 변좌를 중심으로 불법 카메라 설치자 입장에서 최적의 화각위치를 추정, 중점 검색 - 콘센트 박스 손상/변형 및 탈부착 흔적 등 점검 - 화장실 내 설치 각종 비품 및 전기장치 세밀 확인 점검 - 내부설치 기구류(건조기, 휴지걸이, 청소용품 등) 정밀탐색 • 2차: 카메라 탐지 장비 사용 측정 - 열화상 카메라, Wi-Fi 탐지기 등 순차적 측정 확인, - 이상반응 지역 육안 및 촉수검색을 통한 투명성 확보 • 3차: 비선형소자 탐지 장비 활용 의심지역 재확인 - 탐지 중 이상지점(얼룩, 표면 파손 후 재보수 지역 등)에 대해 비선형 소자 탐지 장비를 활용 Sweeping 실시		

	• 4차: 이상물품 처리 - 탐지중 불법 카메라는 아닌 것으로 판명되었으나 이상물품 적발시 관리담당자와 협의 제거 또는 폐기조치		
4단계	불법 카메라 적발 시 처리		
	• 현장 보존 - 적발 불법 카메라는 설치된 상태로 현장을 보존하고 증거 자료(사진 또는 영상)로 채증하는 것을 원칙으로 한다(단, 시설물 관리자의 요청사항을 우선 반영 처리한다). - 불법 카메라 처리는 현장관리자와 협의 처리 원칙 준수 * 주의 : 적발된 불법 카메라는 내용을 확인하거나 철거/설치장소 이전 등 외부요인에 의해 손상되지 않도록 조치한다.		
5단계	불법 카메라 탐지 활동 종료		
	• 불법 카메라 탐지 활동 종료 - 불법 카메라 탐지 활동 종료는 반드시 관리책임자 또는 업무 대행자에게 탐지결과를 통보하는 절차를 통해 마무리 원칙 - 시설 관리자의 추가사항 요청 여부 최종 확인후 종료 선언		
6단계	탐지 활동 안전교육		
	• 불법 카메라 탐지 활동을 위임받은 자는 탐지요원 안전사고 예방과 성폭력 범죄의 처벌에 관한 특례법상의 처벌조항 등을 교육해야 한다.		

※ 사용장비 금성시큐리티 P-4000 기준 작성

제 21 장

스마트폰 감시 스파이웨어에 의한 개인정보 도청 피해 가능

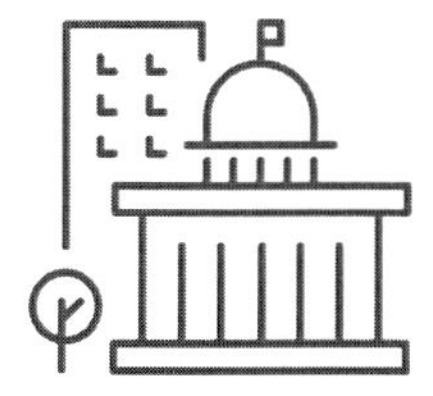

제 21 장

스마트폰 감시 스파이웨어에 의한 개인정보 도청 피해 가능

미국 등 일부 국가에서 판매중인 스마트폰 감시 스파이웨어는 모바일 기기를 통해 송수신되는 메시지, 소셜 미디어 활동, 실시간 GPS 추적, 통화기록 열람, 인터넷 모니터링 등 모든 활동을 감시할 수 있다.

스마트폰 감시 소프트웨어 운영은 대상자들의 사전 동의가 있다면 합법적으로 자녀의 안전과 기업의 중요 데이터 보호 등을 목적으로 사용할 수 있는데 대표적으로 FlexiSPY, uMobix, SpyBubble 등이 판매되고 있다.

일단 스파이웨어 프로그램이 설치되면 관리자 권한을 조정, 누가 문자를 보내고, 전화를 걸고, 어떤 웹사이트를 방문하는지까지 알 수 있으며 Facebook 메신저 채팅을 확인하고, Instagram 스토리와 WhatsApp 메시지까지 읽을 수 있다.

또한 Keylogger[1] 기능을 통해 비밀번호를 비롯 대상자의 모든

1 Keylogger: 키로거는 해킹프로그램의 일종으로 주로 키보드를 통한 입력의 데이터를 중간에 가로채는 해킹을 말한다. 이를 방지하기 위해 은행이나 금융사이트는 마우스

키 입력 상황을 캡처할 수 있으며 Wi-Fi 네트워크 접속은 물론 이메일 모니터링까지 가능하고 모바일 기기의 통화를 녹음하거나 기기 주변의 음향을 원격으로 가로챌 수 있으며 카메라를 활성화시켜 비디오를 촬영, 관리자만 접속할 수 있는 웹포털에 업로드할 수 있는 등 거의 모든 행동 감시가 가능하다.

최근 일본 통신회사(KDDI Corporation, 일본 2위 통신사)에서는 모바일 기기 사용자의 미세한 움직임까지 추적, 관련 정보를 본사 서버로 전송하는 기술을 개발했는데 이 소프트웨어는 걷기, 계단 오르기, 청소 등의 단순 활동까지 식별할 수 있는 기술로, 회사 관리자, 감독관 등의 행동 감시를 필요로 하는 고객에게 同 서비스를 판매할 것이라고 공개한 바 있다.

이같이 현재 모바일 기기에 대한 도청위협은 가장 높은 수준에 도달하고 있으나 아직은 이에 대한 방어 대책이 미흡한 실정이므로 개개인의 정보보안에 대한 인식 제고가 절실히 요구되는 시점이다.

□ 모바일 기기 감시 소프트웨어가 설치될 경우 나타나는 일반 증상

① 비정상적으로 높은 사용요금

비밀리에 녹음된 데이터 등을 외부 전송하기 위한 소프트웨어를 지속 사용함으로서 데이터 사용량이 늘어나고 통신 요금이 증가하는 현상이 나타난다.

로 비밀번호를 입력하도록 대응하고 있다.

② 급속한 배터리 소모

수신/발신 메시지, 통화 기록, GPS 위치 추적 등 관련 프로그램 동작을 위한 배터리 사용량 증가로 기기 운영시간이 짧아진다.

③ 기기 종료 시 어려움

GPS 등 개인정보 추적 및 관리/감시 프로그램의 상시 활성화로 사용자가 기기 종료를 시작했음에도 종료 시간이 평소보다 길어지는 이상 현상이 나타난다.

④ 낯선 아이콘 등장

모바일 기기 감시를 위한 각종 프로그램이 내부에 설치될 경우 처음 보는 앱과 아이콘이 설치될 수 있으므로 사용자는 수시로 불필요 앱의 설치 여부를 점검하고 현재 사용하지 않는 애플리케이션은 즉시 제거하여야 한다.

이상에서 소개한 바와 같이 현재 스마트폰에 대한 도청 공격과 중요 정보를 가로채기 위한 수법은 거의 완벽하게 개발되어 있는 상황이라고 봐야 할 것이다. 이는 도청 공격자가 얼마든지 악용 가능한 최신 스파이 프로그램을 사용할 수 있다는 반증이기도 하므로 우리 대도청 전문가들은 항시 최신 도청기법 출현 동향 등을 수시 확인하고 연구하는 자세를 갖추어야 할 것이다.

제 22 장

글을 마무리하면서

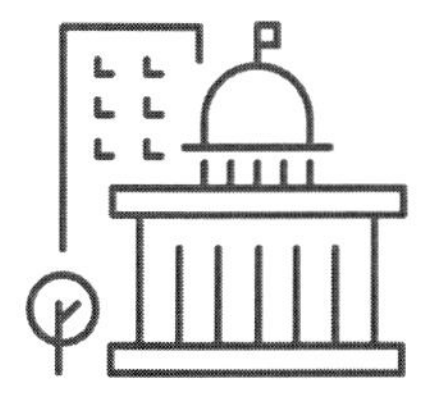

제 22 장

글을 마무리하면서

지금까지 우리는 도청의 역사와 도청기 발전 과정 및 선진 정보기관의 다양한 도청 수법을 살펴본 데 이어 각종 도청기 탐지 절차와 대응 방법을 함께 공유하였다.

이제 우리 대도청 전문가들이 국가 및 사회발전을 위해 향후 나아갈 방향을 제안하고 함께 고민해 보고자 한다.

① 對盜聽 전문가는 우리 시대의 정보사회 지킴이

정보는 현대 사회에서 가장 중요한 무형의 자산으로 매년 세계 각국의 각종 정보유출로 인한 경제적 손실은 그 값어치를 평가할 수 없을 정도로서 이는 개인의 사생활은 물론, 기업과 국가 안보까지 위협할 수 있다.

이제 우리 대도청 전문가들은 정보사회의 지킴이라는 자부심과 사명감으로 정보유출 차단과 방어 대책을 강구하고 신속한 대응으로 피해 최소화를 위한 적극적인 자세와 준비 태세를 갖추어야 할 것이다.

② 최신 정보 습득과 탐지 기술 고도화를 위한 네트워크 구성과 협업

범세계적인 도청 탐지 전쟁에서 승리하기 위해서는 다양한 현장 상황에서 모의훈련을 통해 탐지 능력을 제고할 수 있는 합동 훈련 프로그램 운영과 대도청 전문가 협업 네트워크 구성을 통해 최신 정보를 함께 공유할 수 있는 협의체 출범이 절실하게 요구되는 시점이라고 판단된다.

또한 도청기 탐색작업은 고도의 전문성을 토대로 윤리적 기준과 책임을 바탕으로 수행되어야 하며, 의뢰인과 상호 신뢰감 속에 대도청 측정이 마무리될 때 대상 목표에 대한 점검을 완료했다는 원칙과 규정에 의거 측정 업무가 처리되어야 할 것으로 생각한다.

③ 기본원리에 충실한 초심의 자세로 現 대도청 탐지 위기 극복

최근의 도청 기법은 더욱 정교해지고 소형화되고 있는데 특히 레이저 도청, 모션 센서를 적용한 도청과 네트워크 및 사물 인터넷(IoT, Internet of Things) 기반의 차세대 도청 기법이 출현하는 등 최근 도청 탐지 상황이 점차 어려워지고 있다는 것이 현실이다.

또한 앞으로 나타날 최신 도청기는 현장 상황별 특정 키워드 인식 동작 기능, 음성 패턴, 건강 상태, 심리 상태 등 필요한 모든 정보를 선별하여 수집할 수 있도록 제작됨으로써 새로운 위협으로 부상할 것으로 예상된다.

하지만 아무리 첨단 기술을 적용한 도청 장치라도 전기, 전자, 전파 기술의 기본 원리를 벗어날 수 없으므로 초심으로 돌아가 기본 원리에 충실한 자세로 풀어나간다면 결코 막아내지 못할 도청기는 없다고 본다.

아직 부족한 점이 많겠지만 지금까지 이 책에서 다룬 실무적 조언이 대도청 업무에 종사하는 모든 분들에게 유용한 정보와 지침을 제공하고 나아가 도청 탐지 분야의 발전에 참고 자료가 되었으면 하는 바람이다.

제 23 장

관련 법령

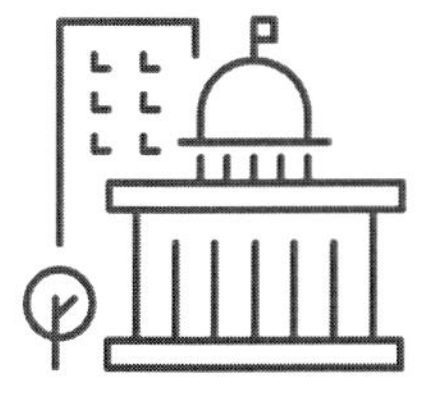

제 23 장

관련 법령

23-1 통신비밀보호법

23-1-1 제정취지

통신비밀보호법은 국가가 국민 서로간에 자유롭게 의사를 전달하고 사생활이 보호될 수 있도록 우편물의 검열과 전기통신의 감청을 금지하여 헌법 제18조에 규정된 통신의 비밀과 자유를 보장하고자 제정된 법률이다.

23-1-2 통신비밀보호법 제한요건 및 절차 규정

하지만 통신비밀보호법은 국가안정과 중요 범죄의 수사를 위하여 통신의 비밀과 자유에 대한 최소한의 제한이 필요하므로 이를 위한 요건과 절차도 함께 규정하고 있다.

23-1-3 법령 내용

□ 제1조(목적)

통신비밀보호법은 통신 및 대화의 비밀과 자유에 대한 제한은 그

대상을 한정하고 엄격한 법적 절차를 거치도록 함으로써 통신비밀을 보호하고 통신의 자유를 신장함을 목적으로 한다.

* 통신비밀보호법은 프라이버시권을 보장하는 공법 성격을 갖고 있으며 위반시에는 형법.형사소송법 등에 적용되기도 한다.

□ 제3조(통신 및 대화 비밀의 보호)

① 누구든지 이 법과 형사소송법 또는 군사법원법의 규정에 의하지 아니하고는 우편물의 검열·전기통신의 감청 또는 통신사실확인자료의 제공을 하거나 공개되지 아니한 타인간의 대화를 녹음 또는 청취하지 못한다.

③ 누구든지 단말기기 고유번호를 제공하거나 제공받아서는 아니 된다. 다만, 이동전화단말기 제조업체 또는 이동통신사업자가 단말기의 개통처리 및 수리 등 정당한 업무의 이행을 위하여 제공하거나 제공받는 경우에는 그러하지 아니하다.

□ 제4조(불법검열에 의한 우편물의 내용과 불법감청에 의한 전기통신내용의 증거사용 금지)

제3조의 규정에 위반하여, 불법검열에 의하여 취득한 우편물이나 그 내용 및 불법감청에 의하여 지득 또는 채록된 전기통신의 내용은 재판 또는 징계절차에서 증거로 사용할 수 없다.

※ 위법하게 수집된 증거는 그 내용이 진실이라 하더라도 위법하게 수집된 증거이므로 법률상 증거능력이 없음을 의미한다.

※ 그러나 위법으로 수집되었다는 이유만으로 증거능력을 부정하는 것은 실체적 진실의 규명을 통해 사법 정의 실현 취지에 반하는 것으로 평가되는 경우라면 그 증거를 유죄 인정의 증거로 사용할 수 있다고 판시 (2020. 2. 대법원 판결)

□ 제10조의3(불법감청설비탐지업의 등록 등)

① 영리를 목적으로 불법감청설비탐지업을 하고자 하는 자는 대통령령으로 정하는 바에 의하여 과학기술정보통신부장관에게 등록하여야 한다.

② 제1항에 따른 등록은 법인만이 할 수 있다.

③ 제1항에 따른 등록을 하고자 하는 자는 대통령령으로 정하는 이용자보호계획·사업계획·기술·재정능력·탐지 장비 그 밖에 필요한 사항을 갖추어야 한다.

④ 제1항에 따른 등록의 변경요건 및 절차, 등록한 사업의 양도·양수·승계·휴업·폐업 및 그 신고, 등록업무의 위임 등에 관하여 필요한 사항은 대통령령으로 정한다.

□ 제10조의4(불법감청설비탐지업자의 결격사유)

법인의 대표자가 다음 각 호의 어느 하나에 해당하는 경우에는 제10조의3에 따른 등록을 할 수 없다.

1. 피성년후견인 또는 피한정후견인
2. 파산선고를 받은 자로서 복권되지 아니한 자
3. 금고 이상의 실형을 선고받고 그 집행이 종료(집행이 종료된 것으로 보는 경우를 포함한다)되거나 집행이 면제된 날부터 3년이 지나지 아니한 자
4. 금고 이상의 형의 집행유예를 선고받고 그 유예 기간중에 있는 자
5. 법원의 판결 또는 다른 법률에 의하여 자격이 상실 또는 정지된 자

6. 제10조의5에 따라 등록이 취소(제10조의4제1호 또는 제2호에 해당하여 등록이 취소된 경우는 제외한다)된 법인의 취소 당시 대표자로서 그 등록이 취소된 날부터 2년이 지나지 아니한 자

□ 제10조의5(등록의 취소)

과학기술정보통신부장관은 불법감청설비탐지업을 등록한 자가 다음 각 호의 어느 하나에 해당하는 경우에는 그 등록을 취소하거나 6개월 이내의 기간을 정하여 그 영업의 정지를 명할 수 있다. 다만, 제1호 또는 제2호에 해당하는 경우에는 그 등록을 취소하여야 한다.

1. 거짓이나 그 밖의 부정한 방법으로 등록 또는 변경 등록을 한 경우
2. 제10조의4에 따른 결격사유에 해당하게 된 경우
3. 영업행위와 관련하여 알게 된 비밀을 다른 사람에게 누설한 경우
4. 불법감청설비탐지업 등록증을 다른 사람에게 대여한 경우
5. 영업행위와 관련하여 고의 또는 중대한 과실로 다른 사람에게 중대한 손해를 입힌 경우
6. 다른 법률의 규정에 의하여 국가 또는 지방자치단체로부터 등록취소의 요구가 있는 경우

□ 제14조(타인의 대화비밀 침해금지)

① 누구든지 공개되지 아니한 타인간의 대화를 녹음하거나 전자장치 또는 기계적 수단을 이용하여 청취할 수 없다.

② 제4조 내지 제8조, 제9조제1항 전단 및 제3항, 제9조의2, 제11조제1항 · 제3항 · 제4항 및 제12조의 규정은 제1항의 규정에 의한 녹음 또는 청취에 관하여 이를 적용한다.

□ 제16조(벌칙)

① 다음 각 호의 어느 하나에 해당하는 자는 1년 이상 10년 이하의 징역과 5년 이하의 자격정지에 처한다.

1. 제3조의 규정에 위반하여 우편물의 검열 또는 전기통신의 감청을 하거나 공개되지 아니한 타인간의 대화를 녹음 또는 청취한 자.
2. 제1호에 따라 알게 된 통신 또는 대화의 내용을 공개하거나 누설한 자.

② 다음 각호의 1에 해당하는 자는 10년 이하의 징역에 처한다.

1. 제9조제2항의 규정에 위반하여 통신제한조치허가서 또는 긴급감청서등의 표지의 사본을 교부하지 아니하고 통신제한조치의 집행을 위탁하거나 집행에 관한 협조를 요청한 자 또는 통신제한조치허가서 또는 긴급 감청서등의 표지의 사본을 교부받지 아니하고 위탁받은 통신제한조치를 집행하거나 통신제한조치의 집행에 관하여 협조한 자
2. 제11조제1항(제14조 제2항의 규정에 의하여 적용하는 경우 및 제13조의5의 규정에 의하여 준용되는 경우를 포함한다)의 규정에 위반한 자

③ 제11조제2항(제13조의5의 규정에 의하여 준용되는 경우를 포함한

다)의 규정에 위반한 자는 7년 이하의 징역에 처한다.

④ 제11조제3항(제14조제2항의 규정에 의하여 적용하는 경우 및 제13조의5의 규정에 의하여 준용되는 경우를 포함한다)의 규정에 위반한 자는 5년 이하의 징역에 처한다.

□ 제17조(벌칙)

① 다음 각 호의 어느 하나에 해당하는 자는 5년 이하의 징역 또는 3천만원 이하의 벌금에 처한다.

1. 제9조제2항의 규정에 위반하여 통신제한조치허가서 또는 긴급감청서등의 표지의 사본을 보존하지 아니한 자
2. 제9조제3항(제14조제2항의 규정에 의하여 적용하는 경우를 포함한다)의 규정에 위반하여 대장을 비치하지 아니한 자
3. 제9조제4항의 규정에 위반하여 통신제한조치허가서 또는 긴급감청서등에 기재된 통신제한조치 대상자의 전화번호 등을 확인하지 아니하거나 전기통신에 사용되는 비밀번호를 누설한 자
4. 제10조제1항의 규정에 위반하여 인가를 받지 아니하고 감청설비를 제조·수입·판매·배포·소지·사용하거나 이를 위한 광고를 한 자
5. 제10조제3항 또는 제4항의 규정에 위반하여 감청설비의 인가대장을 작성 또는 비치하지 아니한 자

5의2. 제10조의3제1항의 규정에 의한 등록을 하지 아니하거나 거짓으로 등록하여 불법감청설비탐지업을 한 자

6. 삭제 〈2018. 3. 20.〉

② 다음 각 호의 어느 하나에 해당하는 자는 3년 이하의 징역 또는 1천만원 이하의 벌금에 처한다. 〈개정 2004. 1. 29., 2008. 2. 29., 2013. 3. 23., 2017. 7. 26., 2019. 12. 31., 2022. 12. 27.〉

1. 제3조제3항의 규정을 위반하여 단말기기 고유번호를 제공하거나 제공받은 자
2. 제8조제5항을 위반하여 긴급통신제한조치를 즉시 중지하지 아니한 자 2의2. 제8조제10항을 위반하여 같은 조 제8항에 따른 통신 제한조치를 즉시 중지하지 아니한 자
3. 제9조의2(제14조제2항의 규정에 의하여 적용하는 경우를 포함한다)의 규정에 위반하여 통신제한조치의 집행에 관한 통지를 하지 아니한 자
4. 제13조제7항을 위반하여 통신사실확인자료제공 현황등을 과학기술정보통신부장관에게 보고하지 아니하였거나 관련자료를 비치하지 아니한 자

□ 제18조(미수범)

제16조 및 제17조에 규정된 죄의 미수범은 처벌한다.

23-2 성폭력범죄의 처벌 등에 관한 특례법 처벌조항

□ 제14조(카메라 등을 이용한 촬영)

① 카메라나 그 밖에 이와 유사한 기능을 갖춘 기계장치를 이용하여 성적 욕망 또는 수치심을 유발할 수 있는 사람의 신체

를 촬영대상자의 의사에 반하여 촬영한 자는 7년 이하의 징역 또는 5천만원 이하의 벌금에 처한다.

② 제1항에 따른 촬영물 또는 복제물(복제물의 복제물을 포함한다. 이하 이 조에서 같다)을 반포·판매·임대·제공 또는 공공연하게 전시·상영(이하 "반포등"이라 한다)한 자

또는 제1항의 촬영이 촬영 당시에는 촬영대상자의 의사에 반하지 아니한 경우(자신의 신체를 직접 촬영한 경우를 포함한다)에도 사후에 그 촬영물 또는 복제물을 촬영대상자의 의사에 반하여 반포등을 한 자는 7년 이하의 징역 또는 5천만원 이하의 벌금에 처한다.

③ 영리를 목적으로 촬영대상자의 의사에 반하여 「정보통신망 이용촉진 및 정보보호 등에 관한 법률」 제2조제1항제1호의 정보통신망(이하 "정보통신망"이라 한다)을 이용하여 제2항의 죄를 범한 자는 3년 이상의 유기징역에 처한다.

④ 제1항 또는 제2항의 촬영물 또는 복제물을 소지·구입·저장 또는 시청한 자는 3년 이하의 징역 또는 3천만원 이하의 벌금에 처한다. 〈신설 2020.05.19〉

⑤ 상습으로 제1항부터 제3항까지의 죄를 범한 때에는 그 죄에 정한 형의 2분의 1까지 가중한다. 〈신설 2020.05.19〉

에필로그

지난 여름 장맛비가 한참 기승을 부리던 7월 어느 날 부산경찰청에서 주관하는 관내 공공 화장실, 해수욕장 샤워실 등을 대상으로 불법 카메라 탐지 활동을 지원하고 귀경하였다.

이번 활동은 부산 서구 OO비치타운, 해양레포츠센터, 광안리 해수욕장 공공화장실 및 샤워실 등 20여 개소 대상 불법 카메라 설치 여부 점검으로 일반 시민들의 경각심 제고를 위해 진행되었는데 현장에서 탐지 활동을 지켜본 지역 상인과 부산 방문 관광객들은 불법 카메라의 폐해와 도청의 위험성을 명확하게 인식하고, 강력 처벌 필요성을 주장하면서 깊은 관심을 보여준 바 있다.

과거 불법 촬영 카메라는 주로 감시 대상 목표의 동선 파악 용도로 사용되어 왔으나 카메라 기술과 전자통신 기술의 발전에 따라 이제는 카메라가 종합적인 도청 장비로 사용되는 비중이 확대되는 추세로 美 정보기관의 불법 도청 사실을 폭로한 '스노든'은 "NSA에서는 전통적인 유/무선 도청 방식을 탈피, Wi-Fi, 레이저, 진동 및 자이로스코프 센서 등 최신기술을 접목하여 언제든지 개인 정보와 음성 및 영상 정보까지 탈취 가능하다"고 폭로한 바 있듯이 도청의 진화에 맞서는 것은 우리 시대의 사명이라고 생각된다.

하지만 필자가 바라본 국내 업계의 현실은 최신 기법을 적용한 도청 패러다임의 변화에 대응하기보다는 많은 부분에서 이윤 추구에 더 집중하는 듯한 모습을 보여 안타까운 심정이다.

본 책자 출판을 계기로 이제 우리나라에서도 세계 10위권의 위상에 맞는 전문적인 커리큘럼으로 도청 탐지와 방어대책 등을 체계적으로 학습할 수 있는 기관 또는 단체 출현을 기대하는 작은 소망을 가지고 이번 글을 마치고자 한다.

추신 : 시간이 허락된다면 이번 졸작을 메워줄 후속작으로 그간의 탐지 경험을 모아 여러분들과 함께할 수 있도록 다시 찾아뵙겠습니다. 아직 부족한 부분이 많은 미진한 글을 끝까지 읽어 주셔서 감사합니다!

저자 소개

국가정보원 재직

통신망 운용 및 보안 업무 수행

도청 방어장비 및 탐지 장비 개발 업무 수행

국내 및 해외 주요기관 對도청 업무 총괄

국가보안목표시설 및 지방기관 對도청 업무 총괄

탐정법인 홍익 사업본부장

現 국가공인탐정협회 자문위원(교수)

現 가이아홀딩스(주) 고문

現 케이테크(주) 기술고문

現 금성시큐리티(주) 보안연구소장

정보통신공사 감리사

도청의 이해와 대응
-국가 최고 보안 전문가가 제안하는 보안관리자, 탐정들의 필독서-

초판발행 2025년 2월 28일

지은이 이성남
펴낸이 안종만·안상준

편 집 이수연
기획/마케팅 정성혁
표지디자인 BEN STORY
제 작 고철민·김원표

펴낸곳 (주) 박영사
서울특별시 금천구 가산디지털2로 53, 210호(가산동, 한라시그마밸리)
등록 1959. 3. 11. 제300-1959-1호(倫)
전 화 02)733-6771
f a x 02)736-4818
e-mail pys@pybook.co.kr
homepage www.pybook.co.kr
ISBN 979-11-303-2203-2 93530

정 가 19,000원